# 森林生态基准价体系构建研究

RESEARCH ON THE CONSTRUCTION
OF FOREST ECOLOGICAL BENCHMARK PRICE SYSTEM

武健伟　孙中元　官　静　◎主编

中国林业出版社
China Forestry Publishing House

图书在版编目(CIP)数据

森林生态基准价体系构建研究 / 武健伟，孙中元，官静主编. —北京：中国林业出版社，2022.8
ISBN 978-7-5219-1829-8

Ⅰ.①森… Ⅱ.①武… ②孙… ③官… Ⅲ.①森林生态系统-研究-中国 Ⅳ.①S718.55

中国版本图书馆 CIP 数据核字(2022)第 151905 号

责任编辑：于界芬　郑雨馨

| | |
|---|---|
| 出版发行 | 中国林业出版社(100009，北京市西城区刘海胡同7号，电话83143549) |
| 电子邮箱 | cfphzbs@163.com |
| 网　址 | www.forestry.gov.cn/lycb.html |
| 印　刷 | 河北华商印刷有限公司 |
| 版　次 | 2022年8月第1版 |
| 印　次 | 2022年8月第1次印刷 |
| 开　本 | 710mm×1000mm　1/16 |
| 印　张 | 9.75　彩插 10 面 |
| 字　数 | 248 千字 |
| 定　价 | 68.00 元 |

# 《森林生态基准价体系构建研究》
## 编委会

**主　编**　武健伟　孙中元　官　静
**副主编**　李洪涛　李晨晨　于振海　曹国玉
　　　　　曹蓉芬　于　琳　姜楠楠　朱　晗
**编　委**　（以姓氏笔画为序）
　　　　　于丽瑶　卫聪聪　马贵平　马旭升
　　　　　王正茂　王　翔　王广智　石　田
　　　　　曲宏辉　吕少杰　许庆标　孙永康
　　　　　孙太元　刘成杰　苏爱锋　李保进
　　　　　杨丽君　肖　瑶　宋文毅　迟宗钦
　　　　　张　雨　张宏巍　张舒洁　陈兰海
　　　　　邵凌松　范喜秋　赵德馨　胡胜云
　　　　　姜晓军　姜成平　徐勇升　徐亚敏
　　　　　戚树发　潘香君　缪汶利　张惠娟

# 前　言

随着经济社会的不断发展，城市化建设速度明显加快，人民对生活环境质量、生态状况改善的要求越来越高，森林在经济社会发展中的地位和作用显得更为重要和突出，森林所发挥的生态功能已成为全社会关注的重点和焦点。森林生态系统具有复杂有序的结构和强大的功能，给人类社会、经济和文化生活提供了必不可少的物质资源和良好的生存条件，具有十分重要的经济价值、社会价值和生态价值。

尽管人类目前可以通过技术进步来缓解日益严峻的环境问题，但人类的生存最终还是要依靠各项生态系统服务的供给来维系。但长期以来，由于缺乏对森林生态作用和森林繁衍生长规律的正确认识，人们单纯将森林作为资源索取的对象，过度采伐而缺乏科学合理的森林经营方法与管理措施，造成森林生态系统服务功能不同程度的退化，加之自然灾害发生频繁，对国家生态安全构成威胁，危及社会经济的发展。我国的人均森林面积与蓄积量远低于世界平均水平，森林覆盖率与林分质量的总体状况也远不及发达国家水平。人们逐渐意识到森林生态系统与人类的生存兴亡密切相关，森林生态系统对于人类生存生活长远利益具有无可取代的重要作用。科学客观地评价森林生态系统的服务功能，强调林业在社会经济可持续发展过程中的战略地位与突出作用，进一步强化人们对森林资源生态环境保护的观念意识，对加强保护与合理利用森林资源具有很重要的现实意义。森林生态服务功能及价值不仅是森林生态状况的重要表现，也对促进经济社会发展具有重要的现实意义。

早在2005年，时任浙江省委书记的习近平在浙江安吉考察时就提出了"绿水青山就是金山银山"的科学论断，这是对生态资源和经济发展间关系的深刻阐述。"我们既要绿水青山，也要金山银山，宁要绿水青山，不要金山银山，而且绿水青山就是金山银山"，进一步阐明了绿水青山和金山银山的辩证关系，也是物质量和价值量的关系。"绿水青山"的重要组成部分就是森林生态系统，森林生态系统是陆地生态系统中面积最大、组成结构最复杂、生物总量最高、功能最完善和适应性最强的一种自然生态系统，对陆地生态环境有决定性影响。森林具有调节气候、涵养水源、保持水土、防风固沙、净化空气、美化环境、抵御自然灾害和保持生物多样性等作用。生态系统评估可以进一步量化这些生态功能，从市场化的角度，帮助人民群众对森林巨大价值进行形象化分析。

同时，生态文明新时代为森林资源生态评估赋予了更多的意义。一是森林生态系统服务功能评估关乎生态效益评价。2015年，《生态文明体制改革总体方案》明确要求"把资源消耗、环境损害、生态效益纳入经济社会发展评价体系"，"根据不同区域主体功能定位，实行差异化绩效评价考核"。因此，森林生态系统服务功能评估是将生态效益纳入经济社会发展评价体系的基础性工作。二是森林生态系统服务功能评估关乎生态产品价值实现。通过评估对地区森林资源进行全面盘点，包括实物量和价值量，可以对森林资源种类、现状、质量、结构、变化进行分析监测，也可以从资产角度对生态产品进行价值计量。评估有助于推动生态系统产品和服务市场化，可以为生态产品经营开发提供基础支撑，因此是生态产品价值实现的重要手段。三是关乎生态损害赔偿。2018年，中共中央办公厅、国务院办公厅印发了《生态环境损害赔偿制度改革方案》，明确环境有价，损害担责。生态环境损害赔偿要体现环境资源生态功能价值，促使赔偿义务人对受损的生态环境进行修复。森林生态系统服务功能评估体系包括了生态服务功能评估，涵盖了大区域（国家、省、重点功能区等）评估，也覆盖到了小尺度（乡村、小班）的功能计算，是生态环境损害赔偿实现的重要手段。四是关乎森林生态补偿，通过对森林资源蓄积量、郁闭度、生长现状的分析，可以为合理确定纵向和横向之间的生态补偿范围和标准提供理论依据，以进一步构建环境资源产权交易市场、实行生态补偿的市场化机制。

多年来，烟台市高度重视生态文明建设和城市森林体系建设。2013年烟台市编制了《森林城市美丽烟台建设规划（2014—2016）》。在此基础上，烟台市在2014年开启了国家森林城市建设工作，编制完成《山东省烟台市国家森林城市建设总体规划（2014—2023）》（以下称《总体规划》），并且于2014年年底顺利通过国家林业局组织的专家评审，经市政府批准实施。《总体规划》以"山海森林城市、美丽宜居烟台"为建设理念，按照"一核引领、两带围合、两网罗织、三区支撑、五廊纵横、多点增彩"的总体布局，实施森林生态体系、森林产业体系、森林文化体系和森林支撑体系四大建设工程，努力实现资源增长、生态优良、产业发达、文化丰富、人民富裕的发展目标，将烟台建设成山海相拥、生态宜居、产业发达、文明和谐的国家级森林城市。2013 年烟台市获得"全国绿化模范城市"的称号，2016 年烟台市又获得"全国森林城市"荣誉称号。经过多年的建设，烟台市创建国家森林城市工作取得显著成效，全市森林覆盖率达到 36.35%，林木绿化率达到 40%，中心城区绿化覆盖率逐年提升，人均公共绿地面积达到 20.22 平方米，各项指标均达到国家森林城市评价标准。按照《烟台市林业发展"十四五"规划》，烟台市森林城市建设、林业发展工作将继续深入开展。规划实施至今，烟台市森林生态系统已经发挥了越来越突出的生态系统服务功能。开展烟台市森林生态系统服务功能价值评估及基准价体系构建是将森林城市建设成果量化并且正确评估的必然选择，评估结果能够更加具体地将烟台市国家森林城市建设与国家生态文明建设有机结合起来，利于成果总结，同时为下一步生态文明建设、经济建设提供指导。

近年来，在大力推进生态文明建设大背景下，关于自然资源价值的理论研究不断丰富，从资源调查、价值核算到自然资源的有偿使用、生态补偿、产权制度改革，体系探索和理论研究达到了较高的水平，但是实践应用相较于理论有所滞后。本书以烟台市生态公益林资源为研究对象，探索建立基于市级、县级的森林生态系统服务功能基准价体系。该体系将进一步丰富自然资源价值体系，完善国民经济统计核算体系，为生态环境损害赔偿及生态效益补偿提供数据支撑，促进森林资源有偿使用的有章可循，充分考虑森林资源所处区域的自然、区位、管理、社会、资源稀缺现状，提高工作的规范性、客观性、可操作性。该体系的建立，方便于专业和非专业人士进行单位面积的森林资源生态价值估算。通过森林资源生态价值评估及区片基准价体系构建，可体现森林生态价值的各项经济收益，同时也按价值标准显示森林生态功能的优劣程度。据此对市级、县级所属森林进行生态价值的空间分析、分类，为地方生态资源的分类保护提供数据支撑，为地方政府进行国土空间规划提供重要参考，通过价值的差别和调整引导或限制资源使用，可进一步加强森林资源管理、实现森林生态价值合理配置，使有限的森林资源发挥最大的经济社会效益。

本书是依托烟台市政府采购项目"烟台市森林生态服务功能价值评

估(2017—2018年)"以及中国土地估价师与土地登记代理人协会年度课题"森林生态价值区片基准价体系构建(2019—2020年)"成果为基础进行写作的,故采用的林业资源数据是2017年林地数据(2018年发布)作为示例分析数据,并不影响基准价体系构建及应用。

本书承蒙国家林业和草原局林草调查规划院、烟台市自然资源和规划局相关领域专家学者支持,给予了大量建设性意见,在本书即将付印之际,向相关专家学者表示衷心感谢。

本书可为资产评估、林业生态评估、森林生态行业领域从业者提供有益参考,但由于时间仓促和水平有限,文中错误之处在所难免,恳请读者不吝批评指正,提出宝贵意见,以便今后进一步完善。

编者<br>2022 年 6 月

# 目 录

前 言

## *1* 绪 论 ………………………………………………………… 1
### 1.1 相关概念 …………………………………………………… 1
### 1.2 生态系统服务功能评估研究进展 ………………………… 4
### 1.3 森林生态系统服务功能评估数据应用 …………………… 9
### 1.4 森林生态系统服务功能基准价研究体系 ………………… 11
### 参考文献 ……………………………………………………… 16

## *2* 烟台市概况 …………………………………………………… 22
### 2.1 自然地理 …………………………………………………… 22
### 2.2 自然资源 …………………………………………………… 24
### 2.3 社会经济 …………………………………………………… 27
### 2.4 林业资源 …………………………………………………… 28
### 参考文献 ……………………………………………………… 31

## *3* 森林生态系统服务功能评估 ………………………………… 32
### 3.1 技术路线 …………………………………………………… 32
### 3.2 评估依据 …………………………………………………… 32
### 3.3 评估数据 …………………………………………………… 32
### 3.4 评估单元划分及样地筛选 ………………………………… 35
### 3.5 样地调查方法 ……………………………………………… 38
### 3.6 评估指标及公式 …………………………………………… 39
### 3.7 烟台市森林生态系统服务总值 …………………………… 42
### 参考文献 ……………………………………………………… 45

# 4 森林生态系统服务功能评估结果与数据处理 …… 47
## 4.1 初始评估结果 …… 47
## 4.2 评估数据内部调整 …… 52
## 4.3 内部修正后结果 …… 55
## 4.4 属性数据矢量化 …… 58
参考文献 …… 59

# 5 森林生态系统服务功能基准价区片划分 …… 60
## 5.1 区片划分原理 …… 60
## 5.2 频数分布规律 …… 62
## 5.3 数据分级方法 …… 62
## 5.4 区片特征 …… 63
## 5.5 划定示例 …… 64
参考文献 …… 67

# 6 森林生态系统服务功能基准价修正体系构建 …… 69
## 6.1 修正指标确定 …… 69
## 6.2 修正指标解释 …… 70
## 6.3 指标权重确定 …… 72
## 6.4 修正因素分级 …… 75
## 6.5 生态基准价修正体系 …… 92
参考文献 …… 97

# 7 森林生态系统服务功能基准价应用案例 …… 100
## 7.1 案例描述及目的 …… 100
## 7.2 估价依据及标准 …… 100
## 7.3 估价过程 …… 100
## 7.4 评估结果 …… 110

# 8 森林生态系统服务功能基准价体系探索与思考 …… 111
## 8.1 森林生态服务功能评估与生态环境损害赔偿 …… 111
## 8.2 森林生态服务功能评估与森林生态效益补偿 …… 116

8.3　烟台市森林生态价值实现中的探索及难点分析 ………… 119
　　8.4　森林生态系统服务功能基准价体系成果应用前景 ………… 124
　参考文献 ……………………………………………………………… 126
**附　表** …………………………………………………………………… 128

# 1 绪 论

## 1.1 相关概念

森林是陆地上面积最大、结构和功能最为复杂的生态系统，有着极为丰富的生物多样性，森林以高大木本植物为主，同时伴随有灌木、草本、地被、动物、微生物等种类繁多的生物类群，与温度、水分、光照、土壤、降水等条件互相作用，深入参与地球生物化学循环。

### 1.1.1 森林生态系统

地球上有种类繁多的生态系统，森林生态系统是陆地生态系统的主体。森林生态系统有着特定的空间结构，由生物成分(乔木、灌木、草本、动物、微生物等)和非生物成分(水分、土壤、大气、温度、光照等)共同作用形成，由一个个基本的生态功能单元组成，是一个开放的、演变的、有自主调控功能的动态系统。简言之，森林生态系统是森林生物群落与其环境在物质循环和能量转换过程中形成的功能系统，生物与生物、生物与环境之间都在发生着周而复始的物质和能量循环(李俊清，2010)。作为功能完备的生态系统，生产者包括了全部的绿色植物和一些具有光合作用、化能自养功能的微生物等自养生物，消费者包括了食草动物、食肉动物等异养生物，分解者包括土壤原生动物、细菌、真菌等具有分解功能的异养生物。

### 1.1.2 森林生态系统服务功能

森林生态系统服务功能是指森林生态系统与生态过程所形成及所维持的人类赖以生存的自然环境条件与效用(余新晓，2005)。森林生态系统通过其结构功能、生态过程和环境资源条件为人类社会提供各种服务功能。其功能主要包括：产生满足人类社会生产所需物质资源和产品；造就与支撑维持人类生存的环境和生命支持系统；为人类提供身心健康、精神升华和生态文化的环境资源。森林作为陆地生态系统的主体,在生态系统供给(林木产品、林副产品)、调节(气候调节、光合固碳、涵养水源、土壤保持、净化环境、养分循环、防风固沙)、文化(文化多样性、休闲旅游)和支持(释放氧气、维持生物多样性)4大类服务功能方面,均发挥着重要作用(赵同谦,2004)。2008年,国家林业局颁布并实施了林业行业标准《森林生态系统服务功能评估规范》(LY/T 1721—2008),提出森林生态系统服务功能主要包括涵养水源、保育土壤、固碳释氧、林木积累营养物质、净化大气环境、森林防护、生物多样性保护、森林游憩功能。

森林生态系统作为陆地生态系统主体,自身所具有的这些生态服务功能,直接关乎全球生态环境、人类社会和经济的发展。因此,客观、科学地评价森林生态系统服务功能有助于提高人们的生态保护意识、促进生态环境评估纳入国内生产总值(GDP)核算体系,同时对科学处理生态环境保护和社会经济发展之间的关系具有重要意义。

### 1.1.3 森林生态产品

生态产品指保障生态安全和生态调节功能、提供良好人居环境的自然要素(赵同谦,2004),一方面包括清新的空气、清洁的水源和宜人的气候等具有非竞争性、非排他性的公共性生态产品,另一方面包括与传统农产品具有相同属性的经营性生态产品。国内第一次系统性提出了生态产品的概念是在2010年《全国主体功能区规划》文件中,将生态产品定义为可进行消费置换的产品,与工、农业产品及服务产品并列为人类生存生活的必需品。

我国对森林生态产品的研究始于21世纪初,主要涉及概念及种类的认定。高建中等(2005)认为森林生态产品是指经营森林生态系统为社会提供的能满足生态需求的无形产品的综合,包括涵养水源、生物多样性、调节环境、保育土壤、防护效能、固碳释氧6大类。张小红(2007)认为森林生态产品包括了森林景观、农田防护、水源涵养、防风固沙、保持水土、净化大气、净化水质、富氧、固碳等,并认为生态产品具备使用价值,可以进行核算。戴广翠、戴芳等也对森林生态产品进行了研究,均认为森林生态产品是无形的生态功能的体现,不包括物质产品(戴广翠,2009;戴芳,2013;虞慧怡,2014;吕洁华,2015)。于丽瑶等(2019)将森林生态产品分为了两类,一类是公共性森林生态产品,包括了清新空气、干净水源、防风固沙、调节气候等产品和服务,具有非排他性和公共性的特点,另一类是经营性森林生态产品,具有排他性、竞争性,包括了木材产品、林副产品、康养旅游和文化产品。

## 1.1.4 森林生态产品价值实现

森林生态产品价值实现，就是将森林生态产品的价值显性化，或者以货币的形式得以体现(石敏俊，2020)。生态产品价值来源于人类生产和生态生产，生态产品价值包括生态资本价值、产品使用价值、增加就业价值、政绩激励价值和经济刺激价值(张林波，2019)。森林生态系统服务理论、价值理论、环境经济学等理论是森林生态产品价值实现的理论基础，目前关于生态产品价值实现机制及途径探索已经成为生态文明实践的热点(王斌，2019)。2017 年，我国对"生态产品价值实现"进入探索实践阶段，将贵州、浙江、青海等地列为生态产品价值实现的首批试点省份；2018 年，习近平总书记在深入推动长江经济带发展座谈会上的讲话进一步为生态产品价值实现指明了方向和路径，要积极探索以政府为主导、企业和社会各界参与、市场化运作、可持续的生态产品价值实现路径。目前，我国已经基本形成了市场主导型、政府主导型、生产要素参与分配的主要实现路径(金铂皓，2021)。

## 1.1.5 森林生态区位及系数

森林生态系统服务功能价值因生态区位的差异而产生变化。森林生态区位是指某区域森林生态系统在特定时间、特定空间下所处的位置，它的定位因其所处地形条件、气候条件、植被特征、社会经济、资源稀缺、生态敏感性和生态需求等因子，人为地赋予该森林生态系统的生态功能的过程，也因为这些因素而赋予其对自然、对人类重要性的过程(齐丹坤，2014；刘友多，2008)。生态区位和森林类型的关系往往表现为不同生态区位同一森林类型以及同一生态区位不同森林类型经常具有不同的生态功能，在进行森林生态功能评估、生态补偿、损害赔偿时要统筹考虑生态区位，注意差异性。唐秀美(2010)在考虑土地利用方式、人类活动、生态环境等因子后，对北京市进行了生态区位划分，并赋予了修正系数；钱森(2014)在考虑自然因素、距离因素、管理因素后对生态区位进行了分级，并提出了生态区位异质性系数。近些年来，与生态区位系数相关的概念涉及生态区位调整系数(李炜，2012)、生态区位价值系数(米锋，2006)、生态区域差异系数修正(刘倩，2019)、生态价值修正系数(粟晓玲，2006)等，这些系数设定共同考虑的因子包括了自然条件因素、社会发展因素、统计因素，系数的应用仍有待加强。

## 1.1.6 生态系统生产总值(GEP)

森林生态系统服务功能价值是生态系统生产总值的重要组成。根据生态环境部《陆地生态系统生产总值(GEP)核算技术指南》，生态系统生产总值也可简称为生态产品总值，是指生态系统为人类福祉和经济社会可持续发展提供的各种最终产品与服务价值的总和，主要包括生态系统提供的物质产品、调节服务和文化服务，一般以一年作为核算时间单元。以森林为例，物质产品包括干果、水果、药材、木材、清洁水资源等，调节服务包括涵养水源、保持水土、固碳释氧、净化大气、病虫害控制等，文化服务包括休闲游憩、景观价值。

综上所述，生态产品及其价值实现、生态系统生产总值核算均与生态系统服务功能价值有着极其紧密的联系，这些功能评估、价值核算指标有着很大的交集，都是以森林生态系统所提供的直接产品和间接产品作为核算的基础，森林生态系统的服务功能决定了生态产品的种类，决定了生态系统生产总值。同时，近些年的研究表明，人们已经从单纯森林因素评估生态服务功能，向复杂的与人类社会相互作用的关系去考虑森林生态服务价值的大小以及如何实现森林生态产品价值。

## 1.2 生态系统服务功能评估研究进展

### 1.2.1 国外研究进展

人类对森林生态系统服务功能评估的研究，是伴随生态系统评估理论体系不断完善发展而来。在20世纪30年代至60年代，国外更多的是关注生态系统相关概念，以及自然生态系统对人类生存发展的影响，代表性的人物是英国生态学者Arthur Tansley，在1935年对生态系统做出定义。20世纪60年代，生态系统服务的概念首次出现在了人们的视野中（King，1966；Helliwell，1969）。而后，关于生态系统服务功能分析及评估研究事业不断展开，评估理论和方法不断革新，代表性的人物包括Holdren(1974)，Ehrlich(1977)，Westman(1977)。

1997年，Daily主编的《生态系统服务：人类社会对自然生态系统的依赖性》对生态系统服务功能的概念、评估方法、不同类型生态系统的服务功能做了研究。1997年，Costanza在《全球生态系统服务与自然资本的价值》中，将生态系统服务功能定义为"人类从生态系统功能中获得的直接或间接收益"，将生态系统服务详尽地分为17类，并采用影子工程法、机会成本法、市场价值法、旅行费用法等方法，计算了全球生态系统服务功能价值量，引发国内外学者对生态资源生态效益和服务功能量化的巨大关注。在这些研究基础上，2001年，包括联合国在内的多个机构发起了全球千年生态系统评估项目(MA)，首次对全球生态系统进行多层次综合评估。该项目旨在评估生态系统对人类福祉。报告将生态系统服务分为4大类(支持服务、供给服务、文化服务、调节服务)，首次在全球尺度上系统、全面揭示了各类生态系统的现状和变化，对人类生存发展有重要启示，森林生态系统服务功能评估也涵盖其中。这些研究实践推动了森林生态系统评估，标志着全球研究生态系统服务的热潮正在形成。

评估方法上，不同专家学者对生态系统服务功能的研究切入角度不一样，评估方法、技术手段呈现多样化。生态系统服务功能价值评估多以经济学方法作为来源，代表性人物有Daily、Pimentel、Costanza等，基于市场价值理论，采用市场价格法、支付意愿法、成本法等方法对生态系统服务进行核算。20世纪80年代后期，美国生态学者H. T. Odum提出了能值理论，成为普遍使用的科学概念和度量标准，用于综合评价生态系统的生态效率。1997年，Costanza在《全球生态系统服务与自然资本的价值》一文中采用大尺度评估方法(机会成本法、能值法)和小尺度评估法(物质量)进行了全球生态系统服务功能评估，为后来国内外评估方法的创新打下了基础。2004年，Chee Y. E. 将评估方法进一步总结为成本法、能值法、市价法、条件价值法、收益转换法。随着科学进步，新技术、新方法也逐渐应用于生态系统服务价值核算。20世纪90年代以后，遥感、全球定位系统、地理信息系统技术("3S"技术)的发展和模型模拟的创新应用为森林生态服务功能计算带来新的评价方法，Costanza等研发的MIMES模型和世界自然基金会、斯坦福大学、大自然保护协会联合研发的In-VEST模型逐渐应用普及开来；2002年，Konarska等学者利用遥感影像(Landset TM)、国家土地覆盖数据库(NLCD)和气象卫星资料(NOAA-AVHRR)影像评估了美国不同土地利用类型下的生态系统价值。

在生态系统服务功能评估理论不断深入的过程中，关于森林资源生态服务功能评价的实践也在全球范围铺展开来。国外关于森林生态效益的研究，开始得比较早。20世纪50年代，苏联专家尝试利用效能系数法评价森林的生态效益；日本于20世纪70年代到21世纪初，对森林植被类型的多项公益机能的生态价值进行了3次评估，评估功能包括生物多样性保护、水源涵养、保健休闲等8项，基础数据来源3项；2010年，世界银行开展了生态评估项目，帮助各国将生态系统服务价值融入其会计系统；2011年，英国组织多名科学家依据第七次全国森林资源调查数据，利用2年时间对森林资源等生态系统类型进行了评估，并编制了相关评估报告；2016年，Nicola对印度国家级森林公园生态系统服务进行了测算；2018年，Mayer应用区域旅行费用模型估算出了德国国家森林公园休闲游憩等功能价值。此外，墨西哥（Adger W N，1995）、美国（Kreuter U P，2004）、尼泊尔（Krishna Prasad，2012）等国家也开展了全域性和局部性的森林生态系统评估，在技术和方法上不断突破创新。总体上看，各个国家在森林生态系统服务功能评估研究上都有所侧重。

### 1.2.2 国内研究进展

我国于20世纪90年代末开始研究生态系统服务功能，研究方法多参照了国外相关领域专家成果，目前仍处于起步阶段，理论研究逐渐增多。因为我国生态系统自身的复杂性，以及过程的多样性，专家学者对生态系统的认识不断提升，与服务功能评估相关的定义、价值类型、评估方法都在不断完善中。1997年，史培军在分析美国学者Daily著作的基础上，首次在中文文献中提出"生态系统服务"概念，并定义为"人类从生态系统之功能直接或间接得到的产品"。1998年，刘晓荻将"生态系统服务"概念描述为"自然生态系统及其中各种生物对人类提供的有益服务"。1999年，欧阳志云等结合国内现状定义其为"生态系统与生态过程所形成及所维持的人类赖以生存的自然环境条件与效用"，并指出生态系统服务功能包括生物多样性的产生与维持、调节气候、土壤的生态服务功能、传粉与种子的扩散、有害生物的控制等8大类，对我国陆地生态系统服务功能及间接价值进行了核算，并介绍了生态系统服务功能价值评估方法，为我国开展生态系统服务研究提供了理论基础。进入21世纪，陈仲新等按照植被类型把陆地生态系统类型分成了森林、湿地、草地、荒漠等10类，把海洋划分成了开阔洋面和近海海岸带另类海洋生态系统，参考Costanza等人的方法及参数，对我国生态系统效益进行了评估，价值量为77834.48亿元/年。2003年，赵景柱总结了生态系统服务的定量评价方法包括能值分析法、物质量评价法、价值量评价法，核算了澳大利亚、巴西、英国等13个国家的生态系统服务价值。2008年，谢高地等人在Costanza研究基础上，将我国生态服务类型划分为食物生产、原材料生产、景观愉悦等9项，提出了"中国生态系统服务价值当量因子表"，更加准确地反映了中国生态系统服务的生产-消费-价值实现过程。

2008年以后，地理信息、遥感等技术逐渐应用于区域生态系统服务价值评估中，在应对大尺度及小尺度的生态系统服务功能价值评估时，可根据不同的生态系统评估对象、目标选择不同的评估方法进行核算。我国生态系统服务功能评估经历了从无到有、从单一到复杂再到综合研究的过程，经历了从定性到定量、物质量到价值量评定的研究过程。我国专家学者对森林、草地、湿地、湖泊、海洋等不同类型资源的生态服务功能进行了评估，已经从单一模仿国外研究成果转向了模型研究、方法创新、参数修正、尺度拓展，新时期开始注重自然资源生态服务价值动态监测和驱动因子研究。

  我国对森林生态系统服务功能评估研究始于20世纪80年代，在摸索和借鉴中前进。1982年张嘉宾首次采用替代成本法、影子工程法对云南省怒江州福贡、贡山、碧江等县森林固持土壤、涵养水源、肥料功能及其他功能进行价值量评估，证明了森林资源的价值，是我国森林生态系统服务价值评估研究的开端。1983年，中国林学会开始对森林生态效益进行了研究。1995年，侯元兆等估算了我国森林资源的价值为13万亿元，对森林的涵养水源、净化空气、防风固沙等功能进行了评估，并出版专著《中国森林资源核算研究》，奠定了我国森林生态系统服务评估的基础。1999年，李金昌在《生态价值论》一书中，总结了森林生态服务功能价值评估的理论、方法体系。2004年，赵同谦、欧阳志云等基于MA分类方法将森林生态系统服务功能价值评价指标划分为提供产品、调节功能、文化功能和支持功能4类，统一了指标体系，得到广泛认可。2005年，何浩等首次借助遥感影像评估了我国陆地森林生态系统服务价值。2005年，康艳等借助地理信息工具，采集森林生态站数据，评价了陕西森林生态系统生态服务物质量和价值量。王顺利等利用森林生态站数据评估了甘肃省不同类型灌木林生态系统服务功能。

  我国研究者在不同尺度和不同生态系统类型上对生态系统服务功能价值进行了大量研究及评估实践，为我国各层级生态评估作出了有益探索。在全国层面上，做出较多探索的多以中国科学院、中国林业科学研究院和北京林业大学为主。1999年，蒋延玲根据全国第三次森林资源清查数据，采用Costanza等估算的价值和方精云生产力数据，测算了我国38种主要森林类型生态系统服务功能的总价值约为117.401亿美元；2000年，陈仲新等借鉴Costanza等的评价参数、分类体系对我国生态系统效益进行了评定，其中森林的生态价值为15433.98亿元/年；2004年，赵同谦、欧阳志云采用MA提出的生态系统服务功能方法，对我国森林生态系统的10种生态服务功能进行了评估，得出总价值量为14060.05亿元/年。这些研究多是基于Constanza等人的相关参数和分类体系进行估算的，相关参数和我国国情有一定差距，且评估体系和计算方法各异，无法做横向对比，因此原国家林业局于2008年组织专家编制了《森林生态系统服务功能评估规范》（LY/T 1721—2008），确定了8项基本功能和相关的评估公式，对我国森林生态系统生态服务功能评估有很强的指导意义。2011年，王兵等在全国第七次森林资源普查数据和中国生态系统研究网络（CFERN）数据基础上，依据

《森林生态系统服务功能评估规范》(LY/T 1721—2008),得出我国2009年森林生态系统6项服务功能的价值为10.01万亿元/年。

进入21世纪,国家加大了自然保护地体系建设,包括一些重要的自然保护区、森林公园等,因为其生态功能多样性、生态保护的重要性、生态监测的准确性、动态性,成为生态服务功能评估的热点。1999年,薛达元等在Costanza评估体系基础上,采用市场价值法、机会成本法、替代法等首次对长白山保护区森林生态系统的功能进行了价值评估,进而提出了适用于我国的评估方法,是森林生态效益评估的早期实践者。2000年,欧阳志云等使用市场价值、影子工程、机会成本和替代花费等方法对海南尖峰岭国家森林公园的热带森林生态系统服务功能进行了评估,评估价值为66438.49万元/年。2003年,谢高地等采用当量因子表计算了青藏高原森林生态系统服务功能,价值量为2932.5亿元/年。随着我国对森林生态系统服务功能评估的研究越加热诚,研究方法与评估方法也逐步成熟,这些研究揭开了重要自然保护地森林生态服务功能评估的序幕,鸡公山自然保护区(茹永强,2004)、九连山自然保护区(李晖,2006)、武夷山自然保护区(许纪泉,2006)、井冈山保护区(彭子恒,2008)、仙人洞保护区(刘承江,2009)、喀纳斯保护区(李偲,2011)、塞罕坝保护区(张云玲研究,2012)、八大公山自然保护区(王忠诚等,2012);雾灵山保护区(张志旭,2013)、贺兰山自然保护区(葛云等,2013)、天宝岩国家级自然保护区(陈花丹等,2014)、澜沧江自然保护区(邢晓琳,2020)、昆嵛山保护区(孙中元等,2019)、哀牢山保护区(唐安齐,2021)重庆缙云山(刘勇等,2013)、广西姑婆山(黄道京,2014)、江西大岗山(李少宁,2007)、贡嘎山区(关文彬等,2002)、重庆四面山(饶良懿等,2003)等。

近年来,为了衡量生态文明建设成就,评估地方林业发展成效,很多省、市、县级行政区域也进行了森林生态系统服务功能的评估。省级层面上,2009年,孙颖等基于森林资源清查数据,采用替代法、市价法、成本法等对宁夏回族自治区森林生态系统的涵养水源、固碳释氧等功能进行了评估;2010年,赵元藩等利用第五次森林资源清查数据,结合《森林生态系统服务功能评估规范》,对云南省森林生态系统服务功能进行了评价;2014年,肖强利用重庆市土地利用、植被覆盖数据和遥感数据,采用市价法、替代法、支付成本法等,对重庆市森林资源的产品提供、气候调节、水源涵养、文化旅游等8个功能进行了评估。随着领导干部离任审计工作的进行,自然资源资产负债表的编制也在进行中,森林资源生态服务功能价值评估也列入其中。近些年,梅州市(林媚珍等,2010)、武宁县、江山市和邵武市(薛沛沛,2013)、遂昌县(胡露云,2014)、富阳区(修珍珍,

2015)、常州市(李军，2017)、秦皇岛市北戴河区(马鹏嫣，2018)、厦门市(高艳妮等，2019)、烟台市(孙中元等，2020)等百余市县进行了森林生态系统服务功能评估，为评估市县级生态文明建设提供了数据支撑。

## 1.3 森林生态系统服务功能评估数据应用

总结近些年我国森林生态系统服务功能评估研究及评估实践，可以发现尽管评估指标、评估侧重、方法有所不同，但是人们对森林生态系统的生态效益、社会效益有了普遍的认可。森林自身具有强大的涵养水源、保育土壤、固碳释氧、林木积累营养物质、净化大气、生物多样性保护、森林防护、森林游憩功能，森林生态系统的健康与人们的福祉息息相关。分析研究现状来看，我国在不同行政层级(全国层面、省、市、县)、不同生态功能区(国家级、省级保护区、森林公园)都进行了森林生态系统服务功能评估的探索实践，采用森林资源基础数据涵盖了森林资源连续清查数据、重点生态监测站数据、遥感影像数据等，评估生态功能选取指标单一项或者综合项各有侧重，评估方法也有了行业标准，评估成果丰富，真正量化了"绿水青山"这一生态产品的生态服务价值。

### 1.3.1 应用情况

目前，森林生态服务功能评估数据已经应用于生态建设多方面工作，为森林生态产品价值实现指出了几条路径。一是应用于生态GDP核算及森林资源资产负债表编制。2015年，张颖应用内蒙古扎兰屯市森林生态效益评估数据，编制了扎兰屯市森林资源价值估算表及资产账户；2017年，王兵应用济南市生态价值评估数据核算了各县(市、区)在扣除资源消耗价值、环境退化价值累加森林、湿地生态效益之后的生态GDP，以此为基础，编制了森林资源资产账户及森林资源资产负债表。二是应用于森林生态效益科学量化补偿，2017年王兵基于济南市森林生态评估数据，利用人类发展指数等公式，结合济南市财政相对补偿能力，编制了基于区域和树种的定量化补偿额度表；黄颖(2021)和张猛(2014)依据生态系统服务价值，分别探讨了江苏省和辽宁省各地级市生态补偿优先级，确定生态补偿受偿对象及横向补偿额度。三是应用于森林资源损害赔偿，国家林业局于2013年通过了《森林火灾损失评估技术规范(试行)》，对生态环境资源生态服务功能损失划分了6大项评估指标；生态环境部于2020年出台了《生态环境损害鉴定评估技术指南 生态系统 第1部分：森林和林地(征求意见稿)》规范了森林资源损害赔偿评估中森林生态服务功能损失赔偿的相关步骤。四是应用于森林生态产品价值实现，森林生态服务功能评估可为无形的生态产品的分类、清单制作提供数据支撑。吴丰昌、张林波（2020）在森林资源数据、生态服务功能评估数据基础上，构建了福建省各县域生态资源资产核算指标体系，编制了福建省的森林产品种类清单；田野（2015）选取湖北省典型生态功能县，对其2003年和2013年的生态产品价值进行了核算，证明了森林生态系统服务功能价值评估在生态产品价值测度上的巨大的潜力。

### 1.3.2 存在问题

但在近些年的研究实践中发现，森林资源生态价值评估工作也存在一些共性问题亟待重视。

一是不同层级生态服务功能评估缺乏可比性。近年来，在"两山"理念指引下，很多省份在森林生态系统服务功能评估方面做了大量的评估实践，积累了大量的生态数据，但是有些省份在市、县、乡镇等行政区域森林生态价值评价所用体系、方法不统一，存在评估尺度不一、缺乏规范性的问题，年份差别大，多以静态评估为主。基层生态评估没有形成可持续性的评估体系，缺乏指导基层的方法标准，无法做横向对比，不利于省、市、县级自然资源考核。

二是适用于小区域的评估体系没有建立。我国基于森林资源小班数据为评估单元的研究、实践不多见，很难为基于乡镇、村、林班的森林生态补偿、生态环境损害赔偿等工作提供数据支撑。新时期生态文明建设面临更多小区域生态问题，这个小区域可能包括村落、森林小班、林场等，面积可能缩小到以亩[①]为单位，在具体应对小区域自然灾害、补偿评估时，没有接近实际的数据可用。缺乏适用于小区域、小尺度的灵活机动的评估体系，仅以平均值来对待，缺乏可比性。

三是评估数据缺乏对实地具体情况的综合考量。生态服务价值评估涉及林学、生态学、统计学、经济学等多学科，国内生态价值评估研究多由高校科研院所承担，多以静态存量为主。评估多停留在基于测算样地单元的平均水平，没有根据样地实际情况对数据进行调整，这个调整包括森林生态功能的调整，也包括森林所处区位、社会因素、管理因素等的调整。尽管近些年生态区位、区位系数的概念研究逐渐增多，但是能够应用到实际的修正方法却较少，很难应用于生产实际。

四是森林生态评估数据的应用处于停滞状态。尽管学术界在生态补

---

[①] 1亩≈667.67平方米。

偿、损害赔偿、资产负债表编制、GEP 核算方面做出了探索，但是这些生态服务价值数据的实践应用仍然还有差距。因数据庞杂且部分涉密，市、县级政府人员和评估行业从业者难以掌握。在面临生态环境赔偿、生态补偿、经济普查等工作需求时，缺乏严谨、操作性强的评估方法，产学研不能结合，不能科学指导县（市、区）相关工作，评估数据科学应用还有很长一段路要走。

2021 年，中央全面深化改革委员会第二十次会议通过了《关于建立健全生态产品价值实现机制的意见》，其中明确要推动生态产品价值核算结果的应用，体现在生态保护补偿、生态环境损害赔偿、经营开发融资、生态资源权益交易等方面的应用。森林生态系统服务价值作为生态产品价值的一种形式，是通过人类活动、市场运作而实现的。森林生态系统服务功能研究的最终目的应该是对评估结果的应用。总体看来，目前我国关于森林生态系统服务价值的研究与市场经济、政府决策及管理未能有效整合，同时研究结果的现实应用率也较低，实现为社会服务的道路依旧较远。

## 1.4 森林生态系统服务功能基准价研究体系

### 1.4.1 研究目的

生态系统服务功能价值实现对于协调生态系统与经济社会发展，推进生态文明建设具有重要意义。森林生态系统服务功能价值评估是生态产品价值实现的科学方法。自 20 世纪 80 年代以来，国内外学者从不同空间尺度开展生态系统服务功能价值评估研究，寻求将生态系统服务功能价值与经济社会发展评价相融合的途径。当前森林生态系统服务功能价值评估多是基于自然生态系统因素进行的评估，省级或者地市级行政单位内部经济社会发展、管理因素考量有所欠缺，在应对基层小尺度生态补偿或损害赔偿等实践应用时，会面临评估结果均质化、单一化的问题，已成为制约相关研究走向实践应用的限制因素。以烟台市为例，经济开发区人均 GDP 达到 30 余万元，森林覆盖率 30%，经济欠发达的昆嵛区人均 GDP 不足 3 万元，森林覆盖率 70%，二者在经济发展、生态支付能力、地方生态禀赋方面有极大的差异，所以在具体评估实践时不能简单均一化处理。同时，同一类型的森林资源在临近水源、人口密集区时，也会呈现不同的稀缺性。因此，要综合考量地区生态区位、社会发展、经济发展、资源禀赋等因素来进行修正、调整，同一种森林类型，在面对不同的区位条件时，会产生不同的效益。此外，价格缺失是制约生态系统服务功能价值融入经济社会发展评价体系中的重要限制因素。

　　基准价方法是自然资源领域资产评估、定价的成熟技术方法，该方法体系以一个具体城市为对象，综合自然因素和经济社会因素，将用途相似、地块相连、地价相近的土地加以圈围而形成地价区段进行分级定价。本研究以烟台市公益林资源为研究对象，统筹生态环境和经济社会因素，采用耦合生态系统服务功能价值和基准价的方法，按照从生态系统服务功能价值评估到生态基准价区片划分再到形成修正体系的步骤建立森林生态基准价体系，研究成果应用覆盖烟台市 15 个县(市、区)。

　　森林生态基准价是按照同一市场供需圈内，森林生态价值接近的原理进行确定，通过对其涵养水源、保育土壤、固碳释氧、林木积累营养物质、净化大气、森林防护、生物多样性保护、森林游憩 8 项生态功能分别评估和测算价值，再进行数据分级，结合空间分布，体现在某一时段、同一等级范围内森林资源生态价值的平均价格。森林生态基准价区片，是根据生态基准价接近的原则，将森林结构相似、地块相连、功能相近的森林资源加以圈围而形成的一个个区域。在建立基准价区片后，依据区片所处区位、社会、管理、自然、资源稀缺因素，建立科学可行的修正体系，包括修正指标、修正幅度的设定。同时，本研究以 2017 年烟台市 A 区 B 镇发生火灾的林业小班为研究案例，核算过火小班的生态损失，以期为森林资源管理提供实用性理论及技术参考，同时能够让生态环境损害赔偿及生态效益补偿做到切实可行。

　　本书是在前人的研究及实践基础上，借鉴一种基准价的方法、理论，构建森林生态基准价体系，搭建生态系统服务功能价值评估成果与实际应用之间的桥梁。区片基准价体系的建立，方便于专业和非专业人士在尊重地方现实的情况下进行森林资源生态价值估算，为地方生态保护、价值分区、生态赔偿及补偿提供数据支撑。

### 1.4.2　研究框架

　　本研究以烟台市生态公益林资源为研究对象，在公益林资源生态服务功能价值评估的基础之上，应用野外试验与室内分析相补充、数据分析和矢量化相结合、区片生态基准价和宗地基准地价相参考、文献研究和专家咨询相结合的方法，初步建立了基于烟台本地的森林资源生态服务功能基准价体系(图 1-1)，该体系包括森林资源生态服务功能评估、数据调整及矢量化、生态基准价区片划分、生态基准价修正体系，能够根据森林的自身因素(森林生长状况)和所处外部环境做出合理可控调整，以期为森林生态评估数据应用于森林资源有偿使用、生态赔偿等提供实际可行的方法。

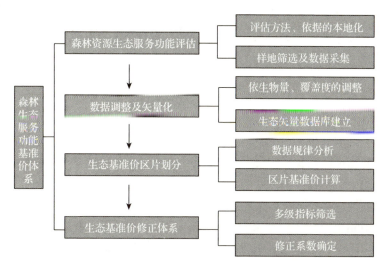

图 1-1 森林资源生态服务功能基准价体系

## 1.4.3 研究内容

本书提出了森林资源生态系统服务功能基准价体系构建的技术路径和方法，在基于自然条件因子的森林生态系统服务功能评估的基础上，进一步挖掘数据的应用和使用方法，将基准价的概念从传统的土地资源领域拓展到森林生态价值领域，在尊重森林生长、生态规律的前提下，探索基于自然因素、区位因素、管理因素、社会因素、资源稀缺因素的调控体系，依据外部修正体系进行灵活调整，让生态价值切实服务现实需要。同时，对所有森林小班生态价值进行统计分析，划分了基准价的区片，对于森林资源生态价值的测算及区域森林资源的保护、利用、开发有较强的指导意义。此外，本研究借助烟台市一起森林生态环境公益诉讼案例进行了示例应用，解决了理论体系的"落地"问题，起到了良好的示例和应用效果。

(1) 森林资源生态服务功能评估

基于《森林生态系统服务功能评估规范》(LY/T 1721—2008)，对烟台市所辖县(市、区)公益林资源(乔木林、疏林地、灌木林)的涵养水源、保育土壤、固碳释氧、林木积累营养物质、净化大气环境、森林游憩、生物多样性保护、森林防护 8 大功能进行评估，该部分是森林资源生态服务功能基准价体系建设的基础，需要较高的准确性、科学性。评估方法的依据、评估方法的本地化、试验样地筛选、评估单元划分、数据采集是森林资源生态服务功能评估的关键，最终建立基于森林小班的基础数据。

(2) 数据调整及矢量化

应用森林生态功能调整系数对初始生态服务功能数据进行调整。在数据采集录入完毕之后，需要依据每一个森林小班的蓄积量、生物量或者覆盖度，进行森林生态服务功能价值内部调整。在数据调整完毕之后，建立基于每一个森林小班的生态系统服务功能价值的矢量数据库。

（3）生态基准价区片划分

根据森林小班的生态服务功能属性数据特征及分布特征，借助地理信息系统（GIS）进行分析，并去除异常值，划分生态基准价区片。基准价区片原则上是根据生态服务价值接近的原则，将森林结构相似、地块相连、生态价值相近的森林资源加以融合而形成的一个个区域，体现同一等级区片的平均生态价格，但森林生态基准价又有不同于土地基准价的特征。

（4）生态基准价修正体系

运用频度分析法、专家咨询法确定一级修正指标，初步建立了基于自然因素、区位因素、管理因素、社会因素、资源稀缺因素在内的修正指标体系，二级指标及修正系数借助德尔菲法、层次分析法进一步确定。参考土地估价规程中基准价修正系数表的方式，建立了森林生态基准价各等级修正系数表。

（5）研究成果的示范应用

本研究借助一起烟台市生态公益诉讼案件进行实例应用，并进行验证，目的在于实际应用和操作。通过本次研究，建立烟台市森林生态价值区片基准价体系，便于烟台市民及相关咨询机构获取、应用森林生态价值数据。研究成果推广普及到政府决策、经济普查、司法鉴定、生态赔偿、森林生态补偿等领域，同时应用于市县两级生态环境考核。

### 1.4.4 研究方法

（1）文献研究法

通过大量生态资产评估、土地基准价、分等定级等国内外文献研究，归纳总结生态功能补偿、森林资源生态基准价体系研究现状及存在的问题，为此次研究提供足够的理论支持。

（2）野外调研与室内分析相结合

研究过程中的数据主要来源于野外实地调查及室内处理数据分析。野外实地调查设置不同类型的标准地，以标准地作为分析的样点。森林生态系统服务8项功能的野外实地调查以科学试验、文献查阅等形式来获取资料，利用软件（Arcgis、Excel、SPSS等）分析数据。

（3）多因素综合分析法

森林生态功能涉及涵养水源、保育土壤、固碳释氧、林木积累营养物质、净化大气环境、海防林防灾减灾、生物多样性保护和森林游憩功能，依据《森林生态系统服务功能评估规范》（LY/T 1721—2008）中的市场价值法、影子工程法、替代工程法等对8项功能进行价值量的评估。从数量到质量，从物质量到价值量，定性与定量结合，运用Arcgis软件的空间分析功能实现生态价定价。

(4) 生态基准价区片划定

森林生态基准价区片划定，是根据生态基准价接近的原则，将森林结构相似、地块相连、功能相近的森林资源加以圈围而形成的一个个区片，各价格区片之间的分界线应以道路、沟渠或其他易于辨认的界限为准。一个生态基准价区片可视为一个"生态基准价均质"区域。这是本研究在林业生态价值评估方面的一大创新点。

(5) GIS技术方法

GIS即地理信息系统，可以处理森林资源生态资产分等定级时涉及的多且复杂的数据，便于进行级别分等时的因素因子的分析，是数据处理的强有力支撑。

(6) 实证应用分析方法

将理论研究与实证应用相结合，不断调整、优化基准价评估方法与修正系数，发现应用中的实际问题，及时做出调整。

### 1.4.5 研究创新点

一是提出了森林生态价值区片基准价体系构建的技术路径和方法。在以往自然立地条件森林生态价值评估的基础上，进一步挖掘数据的应用和使用方法，研究思路和研究成果具有一定创新性，可为今后进一步开展森林资源生态价值区片基准价体系建设提供示范和参考借鉴的作用，进一步丰富自然资源价值评估体系。

二是创新了森林生态价值评估的应用方式和方法。本研究创新性地依据森林生态价值对森林小班进行划区及修正，能客观反映待估林地的生态价值，解决了过往森林生态系统服务功能价值评估工作中存在的数据量庞杂且有部分涉密，数据较为原始和生态，成果无法被评估机构掌握和使用，无法应用于实际指导生产实际的问题。在面临生态价值评估、生态赔偿、生态补偿、公益诉讼等应用需求时，便于实际操作中大面积及快速判定价值使用，为森林生态评估数据应用于指导森林资源有偿使用、生态赔偿等提供了实际可行的方法。

三是创新性建立了森林生态价值区片基准价外部修正体系。过往森林生态评估对于外部因子影响的研究较少，方式方法不够科学，不能够科学定量地分析各种因素的作用，本研究通过大量文献支持和应用特尔斐法，征求专家意见,确定了影响因子和影响范围,编制了修正系数表,创新性建立了森林生态价值区片基准价的外部修正体系,可以科学量化外部影响因素的作用,对公益林林地定级有参考作用。

**参考文献**

陈花丹,何东进,游巍斌,等,2014. 基于能值分析的天宝岩国家级自然保护区森林生态系统服务功能评价[J]. 西南林业大学学报,34(4):75-81.

陈仲新,张新时,2000. 中国生态系统效益的价值[J]. 科学通报,45(1):17-22.

戴芳,冯晓明,宋雪霏,2013. 森林生态产品供给的博弈分析[J]. 世界林业研究,(4):93-96.

戴广翠,2009. 浅议发展森林环境服务业[J]. 林业经济(11):26-29.

高建中,2005. 森林生态产品价值补偿研究[D]. 咸阳:西北农林科技大学.

高建中,2007. 论森林生态产品:基于产品概念的森林生态环境作用[J]. 中国林业经济,(1):17-19.

高艳妮,王维,刘鑫,等,2019. 厦门市森林生态系统固碳服务评估[J]. 环境科学研究,32(12):2001-2007.

高艳妮,张林波,李凯,等,2019. 生态系统价值核算指标体系研究[J]. 环境科学研究,32(1):58-65.

葛云,张霖,谢会成,等,2013. 贺兰山自然保护区森林生态系统服务功能价值评估[J]. 陕西林业科技,6:22-27.

关文彬,王自力,陈建成,等,2002. 贡嘎山地区森林生态系统服务功能价值评估[J]. 北京林业大学学报,24(4):80-85.

国土资源部土地利用管理司,2014. 城镇土地分等定级规程:GB/T 18507—2014[S]. 北京:中国标准出版社.

国务院,2011. 国务院关于印发全国主体功能区规划的通知[EB/OL]. 政策法规司,[2020-05-19]https://www.mee.gov.cn/zcwj/gwywj/201811/t20181129_676510.shtml.

何浩,潘耀忠,朱文泉,2005. 中国陆地生态系统服务价值测量[J]. 应用生态学报,16(6):1122-1127.

侯元兆,张佩昌,王琦,等,1995. 中国森林资源核算研究[M]. 北京:中国林业出版社.

胡露云,2014. 遂昌县主要森林类型生态系统服务功能及其价值评估[D]. 杭州:浙江农林大学.

黄道京,2014. 广西姑婆山国家森林公园森林生态服务功能评价研究[D]. 长沙:中南林业科技大学.

蒋延玲,周广胜,1999. 中国主要森林生态系统公益的评估[J]. 植物生态学报,23(5):426-432.

金铂皓,冯建美,黄锐,等,2021. 生态产品价值实现:内涵、路径和现实困境[J]. 中国国土资源经济,34(3):11-16.

康艳,刘康,李团胜,等,2005. 陕西省森林生态系统服务功能价值评估[J]. 西北大学学报,35(3):351-354.
李偲,海米提·依米提,李晓东,2011. 喀纳斯自然保护区森林生态系统服务功能价值评估[J]. 干旱区资源与环境,10:92-97.
李晖,2006. 江西九连山国家级自然保护区生态系统服务功能价值估算[J]. 林业资源管理,4:70-73.
李金昌,1999. 生态价值论[M]. 重庆:重庆大学出版社.
李军,2017. 常州市城市森林生态系统服务功能价值评估[D]. 北京:北京林业大学.
李俊清,2010. 森林生态学[M]. 北京:高等教育出版社.
李少宁,王兵,郭浩,2007. 大岗山森林生态系统服务功能及其价值评估[J]. 中国水土保持科学,5(6):58-64.
林媚珍,陈志云,蔡砥,等,2010. 梅州市森林生态系统服务功能价值动态评估[J]. 中南林业科技大学学报,30(11):54-59.
刘承江,2009. 辽宁仙人洞国家级自然保护区森林生态系统服务功能价值评估[D]. 大连:辽宁师范大学.
刘晓荻,1998. 生态系统服务[J]. 环境导报,1:44-45.
刘勇,王玉杰,王云琦,等,2013. 重庆缙云山森林生态系统服务功能价值评估[J]. 北京林业大学学报,35(3):46-55.
刘玉龙,马俊杰,金学林,等,2005. 生态系统服务功能价值评估方法综述[J]. 中国人口·资源与环境(1):91-95.
刘玉龙,马俊杰,金学林,等,2005. 生态系统服务功能价值评估方法综述[J]. 中国人口·资源与环境,15(1):88-92.
吕洁华,张洪瑞,张滨,2015. 森林生态产品价值补偿经济学分析与标准研究[J]. 世界林业研究,28(4):6-11.
马鹏嫣,王智超,李晴,等,2018. 秦皇岛市北戴河区森林生态系统服务功能价值评估[J]. 水土保持通报,38(8):286-292.
欧阳志云,王如松,赵景柱,1999. 生态系统服务功能及其生态经济价值评价[J]. 应用生态学报,10(5):635-640.
欧阳志云,王效科,苗鸿,1999. 中国陆地生态系统服务功能及其生态经济价值的初步研究[J]. 生态学报,19(5):607-613.
欧阳志云,朱春全,杨广斌,等,2013. 生态系统生产总值核算:概念、核算方法与案例研究[J]. 生态学报,33(21):6747-6761.
彭子恒,王怀领,王宇欣,2008. 井冈山国家级自然保护区森林生态系统服务功能价值测度[J]. 林业经济问题,28(6):512-516.
饶良懿,朱金兆,2003. 重庆四面山森林生态系统服务功能价值的初步评估[J]. 北京林业大学学报(5):5-6.
茹永强,哈登龙,熊林春,2004. 鸡公山自然保护区森林生态系统服务功能及其价值初步研究[J]. 河南农业大学学报,38(2):199-202.
石敏俊,2020. 生态产品价值实现的理论内涵和经济学机制[M]. 光明日报(11),8-25.

史培军，1997. 资源开发、环境安全建设与可持续发展[J]. 北京师范大学学报，6 (144)：62-69.

孙颖，王得祥，张浩，等，2009. 宁夏森林生态系统服务功能的价值研究[J]. 西北农林科技大学学报(自然科学版)，37(12)：91-97.

孙中元，官静，苏爱锋，等，2020. 基于GIS的森林生态系统固碳释氧功能评估——以烟台市为例[J]. 林业与生态科学，35(4)：405-413.

孙中元，王正茂，曲宏辉，等，2019. 昆嵛山国家级自然保护区森林生态系统服务功能价值评估[J]. 林业资源管理，3：99-106.

唐安齐，2021. 哀牢山国家级自然保护区森林生态系统服务价值评估[D]. 昆明：云南师范大学.

田晓晖，2020. 杭州市森林生态服务功能实物量与价值量评估研究[D]. 杭州：浙江农林大学.

田野，2015. 基于生态系统价值的区域生态产品市场化交易研究[D]. 武汉：华中师范大学，硕士论文.

王斌，2019. 生态产品价值实现的理论基础与一般途径[J]. 太平洋学报，10：78-91.

王兵，李景全，牛香，等，2017. 山东省济南市森林与湿地生态系统服务功能评估研究[M]. 北京：中国林业出版社.

王兵，任晓旭，胡文，2011. 中国森林生态系统服务功能及其价值评估[J]. 林业科学，47(2)：145-153.

王顺利，刘贤德，王建宏，等，2012. 甘肃省森林生态系统服务功能及其价值评估[J]. 干旱区资源与环境，26(3)：139-143.

王忠诚，华华，文仕知，等，2012. 八大公山自然保护区森林生态系统服务功能价值评估[J]. 中南林业科技大学学报，32(11)：60-66.

吴丰昌，2020. 福建省生态资产核算与生态产品价值实现战略研究[M]. 北京：科学技术出版社.

吴霜，延晓冬，张丽娟，2014. 中国森林生态系统能值与服务功能价值的关系[J]. 地理学报，69(3)：334-342.

肖寒，欧阳志云，赵景柱，等，2000. 森林生态系统服务功能及其生态经济价值评估初探——以海南岛尖峰岭热带森林为例[J]. 应用生态学报，11(4)：481-484.

肖强，肖洋，欧阳志云，等，2014. 重庆市森林生态系统服务功能价值评估[J]. 生态学报，34(1)：216-223.

肖强，肖洋，欧阳志云，等，2014. 重庆市森林生态系统服务功能价值评估[J]. 生态学报，34(1)：216-223.

谢高地，鲁春霞，成升魁，2001. 全球生态系统服务价值评估研究进展[J]. 资源科学，(6)：5-9.

谢高地，鲁春霞，冷允法，2003. 青藏高原生态资产的价值评估[J]. 自然资源学报，18(2)：189-194.

谢高地，张彩霞，张昌顺，等，2015. 中国生态系统服务的价值[J]. 资源科学，37(9)：1740-1746.

谢高地，甄霖，鲁春霞，等，2008. 一个基于专家知识的生态系统服务价值化方法[J]. 自然资源学报，23(5)：911-919.

邢晓琳，2020. 云南临沧澜沧江自然保护区双江片区森林生态系统服务功能价值评估[J]. 陕西林业科技，48(1)：50-54.

修珍珍，2015. 富阳市森林生态系统服务功能评估[D]. 北京：中国林业科学研究院.

徐旭平，2018. 江西省森林生态系统综合效益评估的研究[D]. 杭州：浙江农林大学.

许纪泉，钟全林，2006. 武夷山自然保护区森林生态服务功能价值评估[J]. 杭州师范学院学报(自然科学版)，5(5)：418-421.

薛达元，包浩生，李文华，1999. 长白山自然保护区森林生态系统间接经济价值评估[J]. 中国环境科学，19(3)：247-252.

薛沛沛，王兵，牛香，等，2013. 武宁县、江山市和邵武市森林生态系统服务功能及其价值评估[J]. 水土保持学报，5：249-254.

于丽瑶，石田，郭静静，2019. 森林生态产品价值实现机制构建[J]. 林业资源管理(6)：28-31.

余新晓，鲁绍伟，靳芳，等，2005. 中国森林生态系统服务功能价值评估[J]. 生态学报，8：2096-2102.

虞慧怡，曾贤刚，2014. 山东省林业生态产品的分类、价值评估与供给机制[C]//山东省科学技术协会会议论文集. 山东：中国科学技术出版社，299-304.

张嘉宾，1982. 关于估价森林多种功能系统的基本原理和技术方法的探讨[J]. 南京林业，3：5-18.

张林波，虞慧怡，李岱青，等，2019. 生态产品内涵与其价值实现途径[J]. 农业机械学报，50(6)：173-183.

张小红，2007. 森林生态产品的价值核算[J]. 青海大学学报，25(3)：83-86.

张颖，2015. 生态效益评估与资产负债表编制——以内蒙古扎兰屯市森林资源为例[M]. 北京：中国经济出版社.

张云玲，2012. 自然保护区森林生态系统服务功能价值研究[D]. 石家庄：河北师范大学.

张志旭，2013. 河北雾灵山自然保护区森林生态系统服务功能价值评估[D]. 北京：北京林业大学.

赵金龙，王泺鑫，韩海荣，等，2013. 森林生态系统服务功能价值评估研究进展与趋势[J]. 生态学杂志，32(8)：2229-2237.

赵景柱，徐亚骏，肖寒，等，2003. 基于可持续发展综合国力的生态系统服务评价研究——13个国家生态系统服务价值的测算[J]. 系统工程理论与实践，1：121-127.

赵同谦，2004. 中国陆地生态系统服务功能及其价值评估研究[D]. 北京：中国科学院生态环境研究中心.

赵同谦，欧阳志云，郑华，等，2004. 中国森林生态系统服务功能及其价值评价[J]. 自然资源学报，19(4)：480-489.

赵元藩，温庆忠，艾建林，2010. 云南森林生态系统服务功能价值评估[J]. 林业科学研究，23(2)：184-190.

中国林业科学研究院森林生态环境与保护研究所, 2008. 森林生态系统服务功能评估规范: LY/T 1721—2008[S]. 国家林业局.

周介铭, 2010. 城市土地管理[M]. 北京: 科学出版社.

Adger W N, Brown K, Moran D, 1995. Total economic value of forests in mexico[J]. Ambio, 24(5): 286-296.

Brander L M, Brauer I, et al, 2012. Using meta-analysis and GIS for value transfer and scaling up: Valueing climate change induced losses of European wetlands[J]. Environmental and Resource Economics, 52(3): 395-413.

Chee Y E, 2004. An ecological perspective on the valuation of ecosystem services[J]. Biological Conservation, 120(4): 549-565.

Costanza R, 1999. Ecosystem services: Multiple classification systems are needed[J]. Biological Conservation, 141(2): 350-352.

Costanza R, D'Arge R, Groot R D, et al, 1997. The value of the world's ecosystem services and natural capital 1 [J]. Nature, 387(1): 3-15.

Costanza R, Groot R D, Braat L, et al, 2017. Twenty years of ecosystem services: How far have we come and how far do we still need to go? [J]. Ecosystem Services, 28(12): 1-16.

Costauza R, D'Arge R, De Groot R, et al, 1997. The value of the world's ecosystem services and natural capital[J]. Nature, 387(6630): 253-260.

Daily G C, 1997. Nature services: social dependence on natural ecosystems[M]. Whashington: Island Press, DC: 1-10.

EHRLICH P R, EHRLICH A H, 1981. Extinction: the Causes and Consequences of the Disappearance of Species[M]. New York: Random House: 130.

Ghermandi A, Van Den Bergh J, Brander L M, et al, 2010. The values of natural and human-made wetlands: A meta-analysis[J]. Water Resources Research, 4(46): 1-12.

Holdren J, P Ehrlich P R, 1974. Human population and the global environment[J]. American Scientist, 12(62): 282-292.

Konarska K M, Sutton P C, Castellon M, 2002. Evaluating scale dependence of ecosystem service valuation: A comparison of NOAA-AVHRR and Landsat TM datasets[J]. Ecological Economics, 41(3): 491-507.

Kreuter U P, Harris H C, Matlock M D, et al, 2004. Change in ecosystem service values in the San Antonio area, Texas [J]. Ecological Economics, 39(3): 333-346.

Odum H T, 2000. The Energetic basis for valuation of ecosystem services[J]. Ecosystems, 3(1): 25.

Pant K P, 2012. Cheaper Fuel and Higher Health Costs Among the Poor in Rural Nepal[J]. A Journal of the Human Environment, 41(3): 271-283.

Pimentel D, Harvey C, Resosudarmo P, et al, 1995. Environmental and economiccosts of soil erosion and conservation benefits[J]. Science, 267(5201): 1117.

Ranganathan J, 2011. Natural capital: Theory and practice of mapping ecosystem services [J]. Oxford University Press, 35(5): 188-205.

Silvertown J, 2015. Have ecosystem services been oversold? [J]. Trends in Ecology & Evolution, 30(11): 641-648.

Westman W E, 1977. How much are nature's service worth? [J]. Science, 197: 960-964.

# 2 烟台市概况

## 2.1 自然地理

### 2.1.1 地理位置

烟台地处山东半岛东部，东经119°34′~121°57′，北纬36°16′~38°23′，南、北濒临黄海、渤海，西与青岛市、潍坊市接壤，东与威海市毗邻，隔海与辽东半岛的大连市相望。全市东西最宽处214千米，南北最长距130千米，土地总面积1.38万平方千米，海岸线总长909千米，其中大陆海岸线长702千米。

### 2.1.2 地形地貌

烟台属低山丘陵区，山丘起伏和缓，沟壑纵横交错，只有部分平原分布于滨海地带及河谷两岸。地势总的趋势是中部高，南、北低。北部地势较陡、南部地势相对平缓。全市山脉隶属长白山山系，由辽东半岛越海延伸而来，自西向东形成大泽山、罗山、艾山、牙山、昆嵛山，构成了全市地形的脊背。

(1) 中部低山区

位于市域中部，占全市总面积的36.6%，山体多由花岗岩组成，海拔在500米以上，最高峰为昆嵛山泰礴顶，海拔922.8米，山体高耸峻拔，沟壑深峡，坡度较大。另一类低山分布于上述山区的四周余脉之外，海拔300~500米，山顶趋于浑圆状，山坡坡角15°~20°，沟谷开阔，纵坡比较平缓。

(2) 丘陵区

占全市总面积的39.7%，分布于低山区周围及其延伸部分，海拔100~300米，起伏和缓，连绵逶迤，山坡平缓，沟谷浅宽，沟谷内冲洪积物发育，土层较厚，有利于农林业的发展。

**(3) 平原洼地**

占全市总面积的 23.7%，可以分为准平原、山前河谷冲积平原、山间盆地冲积平原、山间冲积平原、滨海堆积平原等 5 个类型。

**(4) 烟台海岸**

以断裂上升和海积作用为主要成因，全市陆地海岸分南北两部，域内海岸主要分岩岸和沙岸 2 种，岩岸西起莱州市虎头崖，东至牟平区东山北头，海蚀地貌显著，其余多为沙岸。在全市海岸线和海岛线总长度中，沙岸线长 425.14 千米，泥岸线长 287.79 千米，岩岸长 196.19 千米。岸段曲折，岬湾相间。北岸自西向东分布有太平湾、龙口市湾、庙岛湾、套子湾、芝罘区湾。南岸有丁字湾等基础面积较大的自然海湾，山海自然风光秀丽、海产丰富。

## 2.1.3 气候

烟台属暖温带季风型大陆性气候。由于南北环海，受海洋的调节，与山东省同纬度内陆地区相比，具有雨水适中、空气湿润、气候温和的特点，是旅游避暑和休闲度假胜地。年平均气温 12.7℃，极端最高气温 38℃，极端最低气温 -17.6℃，平均日照时数 2 698.4 小时。多年平均降水量为 722.2 毫米，主要集中在 6、7、8 三个月，占全年降水总量的 60% 以上。年平均无霜期 210 天，东部地区多于西部地区。年平均风速内陆地区 3~4 米/秒，沿海地区 4~6 米/秒。

## 2.1.4 水文水系

烟台市水系为半岛边缘水系，以半岛屋脊为分水岭，南北呈"非"字形分流，市域内长度在 5~9 千米的河流有 121 条，10 千米以上的河流有 85 条；流域面积在 300 平方千米以上的河流主要有五龙河、大沽夹河、王河、界河、黄水河、辛安河等。烟台市主要河流南北分流入海，向南流入黄海的有五龙河、大沽河；向北流入黄海的有大沽夹河和辛安河；流入渤海的有王河、界河和黄水河。全市大型水库有门楼水库、沐浴水库、王屋水库和高陵水库 4 座，中型水库 24 座，小型水库 1100 余座，塘坝 5700 余座。

## 2.1.5 土壤

烟台市域内共有 8 个土类、19 个亚类、44 个土属、120 个土种。8 个土类包括棕壤、褐土、潮土、砂姜黑土、盐土、水稻土、山地草甸型土、风砂土等，其中棕壤面积约占 77%，潮土占 13%，褐土约占 7%，其他土类面积均较少。棕壤分布广泛，大体以莱阳市穴房至牟平区解家庄直线为界，以东比较单一，广泛分布在山地、丘陵以及平原高地上，是主要的农林用地，以西与褐土并存；潮土分布在地形平坦、地下水位较高处，大沽河、五龙河、黄水河、大沽夹河等河流及其支流的沿岸均有分布，土层深厚，是主要的耕种土壤；褐土集中分布在牟平区养马岛至莱州市沿海一带，多为耕地；砂姜黑土集中在莱阳市低洼地带，土体黏重；山地草甸土只分布在昆嵛山顶部；风砂土分布在芝罘区、蓬莱市、福山区等地沿河及沿海地带，在大沽夹河河口区可见有面积较大的沙丘，目前经治理多已发育成固定风砂土，有的已向地带性棕壤过渡；滨海盐土主要分布在胶莱河以东的滨海一带，成土母质为海相沉积物或河流入海的淤积物，受海水侵渍，当出水成为滨海盐滩或滩涂，经生物、气候与人为影响形成滨海盐土。泰礴顶作为烟台市域内最高峰，其土壤类型及其组合具有一定分异现象，自下而上依次可见：潮棕壤-普通棕壤+白浆化棕壤-棕壤性土+酸性棕壤-山地暗棕壤-山地灌丛草甸型。

## 2.2 自然资源

### 2.2.1 海洋资源

全市海岸线长1038.14千米，其中：大陆海岸线总长度为765.6千米，岛岸线总长度272.54千米，全市约有30.3%为人工岸线。全市共有海岛230个，岛屿面积6 798公顷，占全市陆域面积的0.49%。烟台海域面积2.6万平方千米，海洋资源丰富，海洋经济正以年均10%的增长率乘风破浪发展。目前，全市拥有省级以上海洋牧场30处，其中国家级14处，占全国的1/8，各类海洋牧场建设面积达到110万亩，产业链产值突破500亿元。国家级海洋公园包括长岛、烟台山、蓬莱、烟台莱山、山东招远砂质黄金海岸5处。烟台着力打造海上"绿水青山"，建设绿色可持续的海洋生态环境，持续开展海洋生态修复，生态渔业产值突破100亿元人民币。

### 2.2.2 湿地资源

烟台市地处胶东半岛中部，境内河道纵横，自然湿地类型多、人工湿地面积大。第二次湿地资源调查显示，全市共有湿地168 241.544公顷，占全市国土总面积的12.24%。其中，人工湿地29 925.25公顷，占湿地总面积的17.79%，天然湿地占比82.21%，尤以近海与海岸湿地面积最大。湿地野生动物较少，鸟类资源丰富。2020年全市水资源总量为17.78亿立方米，其中地表水资源量为13.87亿立方米，人均水资源占有量415立方米,不足全国人均水平的 1/5,属资源型缺水地区。

## 2.2.3　矿产资源

烟台市是矿产资源大市,各类矿产地(点)共有 309 处,发现各类矿产(含共伴生)69 种,其中:能源矿产 3 种,金属矿产 12 种,非金属矿产 19 种,水气矿产 2 种。截至 2020 年年底,在全国排名第 1 位的优势矿产为金矿,能源矿产油页岩及非金属矿产等保有资源储量在全国同类矿产品中也是比较优势的(白莹,2020)。矿业及相关产业发展提供了大量就业机会,黄金强市的战略拉动了全市黄金矿业的发展。矿山资源在推动烟台市经济发展的同时,也带来了较大的生态环境问题,譬如山体破坏、水土流失、动植物资源栖息地破坏、景观美学价值降低,需要进行矿山地质环境的恢复治理及生态修复。

## 2.2.4　农业资源

烟台有着丰富的农业资源,是我国北方著名的名优农产品生产基地。烟台大樱桃、莱阳梨、莱州梭子蟹等 45 类产品获注国家地理标志证明商标。烟台葡萄酒、烟台苹果、烟台海参、烟台鲍鱼、烟台绿茶等 13 个特色农产品成为国家地理标志保护产品(曹成欣,2016)。烟台黑猪、五龙鹅、牙山黑绒山羊 3 个地方畜禽品种列入我国地方畜禽品种资源志。累计建设高标准农田 312 万亩,粮食综合生产能力连续 5 年稳定在 170 万吨以上。烟台是海洋生物重要的产卵场、索饵场和洄游通道。近海渔业生物品种有 200 多个,有捕捞价值的 100 余种,盛产海参、对虾、鲍鱼、扇贝等多种海珍品,是全国重要的渔业基地(吕伟,2013)。

## 2.2.5　草地资源

截至 2020 年,烟台市有草地面积 40 余万亩,各辖区均有分布,以平原和丘陵分布为主。莱州、牟平、海阳分布较多,种类多样,包括狗尾草、葎草、艾蒿、黄背草等优势草种,每年 7~8 月温度适宜、降水充沛,属于生长优势期,9 月开始进入枯黄期。

## 2.2.6　动物资源

烟台市在我国动物地理区划中属华北区,黄淮亚区的山东丘陵地区;在陆地动物区系中,属古北界。全市有陆生脊椎动物 85 科 432 种,其中兽类 13 科 30 种,鸟类 61 科 377 种,爬行类 7 科 16 种,两栖类 4 科 9 种。全市有国家一级保护野生动物 9 种,主要包括白斑军舰鸟、短尾信天翁、白鹳等；国家二级保护野生动物 40 种，主要包括角䴙䴘、海鸬鹚、斑嘴鹈鹕、黄嘴白鹭、小苇、大天鹅、小天鹅、鸳鸯、白额雁、燕隼、灰背隼、红隼、游隼、猎隼、苍鹰、赤腹鹰、雀鹰、松雀鹰、蜂鹰、大鵟、普通鵟、毛脚鵟、乌雕、草原雕、秃鹫、灰脸鵟鹰、白尾鹞、鹊鹞、白头鹞、灰鹤、小杓鹬等；山东省重点保护动物 54 种，主要包括东方铃蟾、金线蛙、黑斑蛙、中国林蛙、石龙子、北草蜥、凤头䴙䴘、黑颈䴙䴘、鸬鹚、苍鹭、草鹭、绿鹭、三宝鸟、蚁䴕、星头啄木鸟、棕腹啄木鸟、凤头百灵、黑枕黄鹂、黄雀、普通朱雀、狗獾、狐、豹猫等。

### 2.2.7　植物资源

胶东地区位于暖温带南北中线上，属中间过渡地带，是南北植物区系间的汇集区域，植物种类丰富。2013 年，烟台市种质资源调查报告共记录木本植物 80 科 207 属 652 种（包含 4 亚种、79 变种、30 变型），其中：野生林木 417 种、栽培树种 525 种。调查发现了紫椴、软枣猕猴桃、狗枣猕猴桃、葛枣猕猴桃、北五味子、野生玫瑰、东北茶藨子等 33 种珍稀濒危特有树种，其中：国家二级保护野生植物 7 种、中国珍稀树种 2 种、山东特有树种 4 种、山东珍稀树种 21 种。

烟台植被主要包括森林、灌丛、草灌丛、滨海草甸和砂生、盐生、沼生、水生植被 7 个类型。其中森林植被的主要类型有赤松林、黑松林、麻栎林、刺槐林、日本落叶松林、枫杨林、杨树林等。其中，赤松林分布于山丘海拔 50~800 米处；黑松于 1914 年从日本引进，20 世纪 50 年代开始推广种植，20 世纪 60 年代初用于营造海防林；麻栎林在境内山丘地带广为分布，常伴生着刺槐、胡枝子、花木兰等；日本落叶松为 20 世纪 50 年代引种，开始在昆嵛山海拔 200~700 米的阴坡和半阴坡处栽植，其他各大山系均有少量栽培；刺槐在境内广为分布，多为乔木林；在低山、沟谷、河套刺槐林中常见有赤松、黑松、栎类、杨类等树种伴生；杨树林主要分布在海拔 400 米以下丘陵、平原地带。灌丛植被多为次生植被，有栎类、胡枝子、杜鹃灌丛、鹅耳枥灌丛、坚桦白檀灌丛、牛奶子灌丛、胡枝子灌丛、绣线菊灌丛、紫穗槐灌丛、柽柳灌丛 9 个类型。经济林以苹果、樱桃、板栗、核桃、梨、桃、杏、葡萄、桑树等为主；观赏树种主要以雪松、龙柏、蜀桧、垂柳、紫薇等；灌木主要有荆条、酸枣、三桠乌药、紫穗槐、雪柳、黄荆、酸枣、胡枝子等；藤本主要有葛藤、紫藤等。境内野生植物种类繁多，按经济价值和用途分为牧草类、淀粉糖类、油脂类、芳香油类、纤维类、鞣剂栲胶类、土农药类、药材类 8 类，约 1 330 余种。

## 2.3 社会经济

### 2.3.1 行政区划和人口

烟台市辖5区、6个县级市①和国家级经济技术开发区、高新技术产业开发区、保税港区、长岛海洋生态文明综合试验区及昆嵛山国家级自然保护区(以下简称昆嵛区)，82个镇、6个乡、65个街道办事处、589个居民委员会、6748个自然村。2020年统计年鉴显示，2020年末户籍人口710.4万人，其中城镇人口478.02万，市区人口304.47万人。全年全市居民人均可支配收入39 306元，比上年增长4.03%，其中，城镇居民人均可支配收入49 434元，比上年增长3.03%；农村居民人均可支配收入22 305元，比上年增长5.12%。

### 2.3.2 经济收入

2020年，烟台市全年实现地区生产总值7 816.42亿元，按可比价格计算，比上年增长3.6%。其中，第一产业增加值572.74亿元，增长2.4%；第二产业增加值3 192.39亿元，增长4.6%；第三产业增加值4 051.29亿元，增长2.7%其中工业产值为2 727.34亿元，建筑业产值为474.22亿元。三次产业结构比例调整为7.3∶40.8∶51.9。一般公共预算收入610.07亿元，比上年增加2.5%。固定资产投资比上年增加2.9%，社会消费品总额为2 799.95亿元，比上年减少0.2%。全市人均地区生产总值110 224元，比上年增长3.3%。

### 2.3.3 基础设施

截至2021年年底，全市公路通车总里程1.98万千米，其中国省干线公路2495千米，位居全省第二；高速公路670千米；农村公路里程1.73万千米。公路密度达到144.73千米/百平方千米。市市通高速、镇镇通二级公路、村村通公路率达到100%。全市共有10大港区，生产性泊位242个。2020年，全市港口货物吞吐量3.99亿吨，位居全国沿海港口第8位，其中集装箱吞吐量330.02万标箱，旅客吞吐量577.59万人次。全市境内铁路运营总里程约600千米，其中高速铁路1条(青荣城际铁路)，运营里

---

① 本研究数据采用2020年前蓬莱市、长岛县作为行政区域划分，不采用合并后的蓬莱区。因项目执行时间为2017—2020年，当时项目启动时，是按2020年以前行政区划进行生态价值核算的，故行政区是按旧版区域划分的。

程 178 千米；普通铁路 5 条(蓝烟铁路、大莱龙铁路、中铁渤海轮渡、龙烟铁路、桃威铁路)，运营里程 419 千米。全市在用民用运输机场 1 座(烟台蓬莱国际机场)，通用机场 1 座(蓬莱沙河口通用机场)。2020 年，完成年旅客吞吐量 579.15 万人次，航班起降 6.13 万架次，货邮吞吐量 4.04 万吨。城建基础设施方面，2021 年市区共实施基础设施项目 84 个，完成年度投资 40.5 亿元，涵盖了市政道路、城市绿化、电力管廊、黑臭水体治理、公园广场提升以及供热供水等多个方面。

### 2.3.4　旅游资源

烟台市环境优美，名胜古迹众多，是理想的观光旅游胜地，主要风景名胜有人间仙境蓬莱阁、牟氏庄园、黄金海岸度假区、毓璜顶公园、养马岛景区、长岛峰山林海国家级森林公园、昆嵛山国家级森林公园等，其中，蓬莱阁、长岛已被列为国家级风景名胜区——胶东半岛海滨风景名胜区重要组成部分。烟台市历史悠久，文物古迹众多，远在一万年前就有人类活动，从旧石器时代到封建社会的遗迹遗物在这里都有发现，秦皇汉武，历代名人，都曾慕名前来。百余处重点文物保护单位，譬如蓬莱水城、蓬莱阁、牟氏庄园、云峰山摩崖石刻远近驰名。

烟台市旅游发展委员会出具的《2021 年烟台市文化和旅游统计年报》显示，全市共有 A 级景区 78 家，其中 5A 级景区 2 家，4A 级景区 18 家，3A 级景区 55 家，2A 级景区 3 家。全市拥有国家级旅游度假区 2 个，国家生态旅游示范区 1 个，省级旅游度假区 8 个。2021 年，我市非物质文化遗产名录中，共有国家级非物质文化遗产项目 15 个，省级非物质文化遗产项目 68 个，国家级、省级项目数量位于全省前列。据统计，2021 年全市共接待海内外游客 6 505.85 万人次，同比增长 21.6%；实现旅游消费总额 859 亿元，同比增长 37.92%。近年来，烟台市发展各种特色旅游，海洋旅游业蓬勃发展，樱桃、苹果采摘园方兴未艾，张裕葡萄酒基地工业旅游阔步前进，进一步丰富、提升了烟台市旅游形象。

## 2.4　林业资源

### 2.4.1　林地资源

根据烟台市 2017 年林地变更数据、烟台市森林资源普查成果数据，烟台全市林地面积 546 290.37 公顷，有林地面积为 503 166.70 公顷，疏林地 1 783.31 公顷，灌木林地 11 000.53 公顷，未成林地 10 945.64 公顷，苗圃地面积 5 071.37 公顷，无立木林地 5 122.91 公顷，宜林地 8 965.73 公顷，辅助生产用地 234.18 公顷，全市森林覆盖率为 36.35%。目前，烟台市林地面积和森林覆盖率均居山东省首位，在烟台市所属县市区中，以昆嵛区森林覆盖率最高，达到 77.07%；栖霞市达到 69.46%，福山区、长岛县、牟平区次之；开发区、莱阳市、莱州市的森林覆盖率较低。

### 2.4.2 公益林资源

本研究以公益林资源(防护林、特种用途林)作为研究对象，地类覆盖乔木林、灌木林、疏林等森林生态功能显著的林分。2017 年林地变更数据显示，烟台市公益林资源面积为 209 985.16 公顷，主要树种包括赤松、黑松、刺槐、栎类、针阔混交林、其他乔木、杨树、侧柏、灌木、板栗，其中赤松、黑松、刺槐、栎类、针阔混占比较大，比例分别为 40.97%、23.05%、13.11%、12.13%、5.75%。各县(市、区)均有公益林资源分布，数量上以栖霞市、牟平区、海阳市、招远市、莱州市、龙口市、蓬莱市为主，比例分别为 19.46%、18.33%、12.03%、9.48%、9.01%、6.15%、5.35%。

赤松主要分布在中部山区，以昆嵛山、牙山、艾山、招虎山等海拔较高地区分布居多。黑松在沿海防护林中分布广泛，譬如牟平区、开发区、莱州市、招远市等沿海县(市、区)，较好地发挥了防风固沙的作用，在海拔 550 米以下的低山、丘陵也有分布。刺槐也是分布较广的防护林树种之一，从海岸到丘陵到低山都有不同数量分布，其适应性很强。板栗在牟平区、海阳市分布较广。栎类主要分布在丘陵、低山，针阔混交林树种在全域都有分布。低山上主要树种是赤松、针阔混交林、麻栎、灌木。丘陵上主要分布着杨树、刺槐、麻栎、其他乔木树种。平原上主要分布着抗风能力强的一些树种。长岛县作为烟台市保护鸟类的重要生态屏障，主要分布树种是黑松、刺槐、针阔混交林。昆嵛区作为保护赤松天然次生林的国家级保护区，赤松纯林和针阔混交林占比近 80%。

### 2.4.3 蓄积量及林龄结构组成

根据 2017 年林地变更成果统计，烟台市主要乔木树种蓄积量 8 893 792.6 立方米，其中赤松、黑松、杨树、刺槐、针阔混交林占比较大，蓄积量分别为 2 715 028.388 立方米、2 360 686.942 立方米、1 561 447.04 立方米、1 007 474.82 立方米、502 434.24 立方米。赤松、黑松面积占比较大，同时蓄积量的占比也较大，两个树种的蓄积量占比达到 57.07%。

烟台市森林资源蓄积量、龄组、起源构成统计如表 2-1 所示；龄组分为幼龄林，中龄林，近、成熟林，过熟林，结合起源进行的蓄积量统计分析如下：烟台市乔木树种以幼龄林、中龄林和成熟林为主，这与树种组成有直接关系。从单位面积蓄积量来看，中龄林为47.01立方米/公顷，近、成熟林蓄积量为52.35立方米/公顷，烟台市森林生态系统单位面积蓄积量相对偏低，尤其是天然林资源。

表 2-1 烟台市森林资源蓄积量、龄组、起源构成统计

| 起源 | 小计 | | 幼龄林 | | 中龄林 | | 近、成熟林 | | 过熟林 | |
|---|---|---|---|---|---|---|---|---|---|---|
| | 面积（公顷） | 蓄积量（立方米） | 面积（公顷） | 蓄积量（立方米） | 面积（公顷） | 蓄积量（立方米） | 面积（公顷） | 蓄积量（立方米） | 面积（公顷） | 蓄积量（立方米） |
| 合计 | 209 985 | 8 893 793 | 108 247 | 3 564 346 | 52 582 | 2 602 673 | 47 773 | 2 669 550 | 1 382 | 57 224 |
| 人工 | 136 595 | 6 492 038 | 53 383 | 1 976 580 | 37 939 | 1 971 721 | 43 914 | 2 487 504 | 1 358 | 56 233 |
| 天然 | 73 390 | 2 401 755 | 54 864 | 1 587 766 | 14 643 | 630 952 | 3 859 | 182 046 | 24 | 991 |

幼龄林中，以松类最多，面积69 062.25公顷，占58.60%，蓄积量2 335 394.41立方米，占65.52%；中龄林中，以松类最多，面积34 232.31公顷，占60.50%，蓄积量1 466 995.55立方米，占56.36%；近熟林中，以松类面积最多，面积4 955.95公顷，占46.07%，以黑杨类蓄积量最大，蓄积量239 222.03立方米，占36.90%；成熟林中，以松类最多，面积27 681.13公顷，占68.99%，蓄积量1 066 836.22立方米，占53.31%；过熟林中，以刺槐最多，面积230 742.22公顷，占74.94%，蓄积量47 036.08立方米，占60.91%。

### 2.4.4 林业建设

烟台市历来高度重视以林业为主体的生态文明建设，致力于打造森林宜居城市，建设美丽海滨烟台。2013年7月，市委、市政府印发《关于打造森林城市 建设美丽烟台的意见》，2014年，烟台市全面启动创建国家森林城市，编制了《山东省烟台市国家森林城市建设总体规划（2014—2023年）》（以下简称《规划》）。《规划》以"山海森林城市、美丽宜居烟台"为建设理念，2016年，烟台市完成了《规划》中创建期布置（规划）的各项工程任务，通过了国家林业和草原局（原国家林业局）专家组的考核验收，正式荣获（授予烟台市）"国家森林城市"荣誉称号。2017—2020年，完成了森林生态、林业产业、生态文化和森林支撑四大体系的完善期重点工程，分别是城区人居环境建设工程、美丽乡村建设工程、沿海防护林建设工程、山区生态屏障区建设工程、绿色通道建设工程、水系绿化建设工程、生物多样性保护工程、经济林产业工程、用材林产业工程、种苗花卉产业工程、森林生态旅游工程、林下经济产业工程、经济林产品储藏加工产业工

程、生态文化基地建设工程、生态文化保护工程、生态文化传播工程、生态文化发展与创新工程、生态文明镇村建设工程、有害生物防控工程、森林防火工程、林政资源管理工程、林业科技研究与应用推广建设工程和林业信息化建设工程。

通过长期实施城乡绿化美化工程、森林生态廊道建设工程、森林生态修复与保护工程、森林质量精准提升工程、社会造林绿化工程，烟台市森林覆盖率长期稳定在36%以上，林地面积、森林覆盖率均为山东省第一位，城区绿化覆盖率、城市重要水源地绿化率、村屯绿化率、水岸绿化率、道路绿化率等各项指标全部达到或超过国家森林城市评价标准和要求，真正实现了资源增长、生态良好、产业发达、文化丰富、人民富裕的发展目标，将烟台市打造成了山海相拥、林草葱茏、休闲舒适、安全和谐的森林城市。目前，烟台市正在实施科学绿化行动，在已有绿化基础上，这一行动必将进一步提高烟台生态文明建设水平，使烟台人居环境再上新台阶。

**参考文献**

白莹，扈胜涛，2020. 山东省烟台市矿产资源承载力评价研究[J]. 地下水，42(6)：136-139.

曹成欣，2016. 环渤海山东区现代农业发展模式及其实现机制研究[D]. 泰安：山东农业大学.

吕伟，2016. 烟台市海洋产业结构调整及发展战略研究[D]. 济南：山东师范大学.

# 3 森林生态系统服务功能评估

## 3.1 技术路线

本部分是在《森林生态系统服务功能评估规范》(LY/T1721—2008)基础上，收集数据(资源数据、公共数据、生态监测数据、文献数据等)，根据森林地类、树种资源、地形地貌等等因子划分生态测算单元，依据行业规范和烟台实际确定8个评估指标，评估范围覆盖全市每个县(市、区)，每个森林小班。从实物量和价值量两个方面进行评估测算单元数据获取，数据获取可从调查资料和野外实测进行补充完善。总体上，森林生态系统服务功能评估是从整体分析到测算单元划分到样地点的筛选及监测，各类数据获取之后，再进行单元物质量价值量评估，最后形成总体数据，是一个分布式的测算过程，是从整体到单元到样点再到整体的过程(图3-1)。

## 3.2 评估依据

评估方法主要依据：中华人民共和国林业行业标准《森林生态系统服务功能评估规范》(LY/T 1721—2008)，主要指标类别如图3-2所示，并根据烟台市实际情况作出调整。森林游憩指标选用近年年均森林公园旅游收入作为评估值。因烟台市农田防护林网极少，海防林带面积较大，防灾减灾功能突出，故森林防护功能一项主要针对海防林基干林带的防护效益，在本研究中定义为海防林防灾减灾效益。本研究针对净化大气一项，因试验条件限制及权威文献较少，故不做降低噪声方面的评估。

## 3.3 评估数据

### 3.3.1 基础数据

利用烟台市2017年林地变更数据、烟台市森林资源普查成果数据，分析烟台市林业资源面积、地形、树种、林龄、分布情况，基于林地变更数据做矢量化—空间分析。

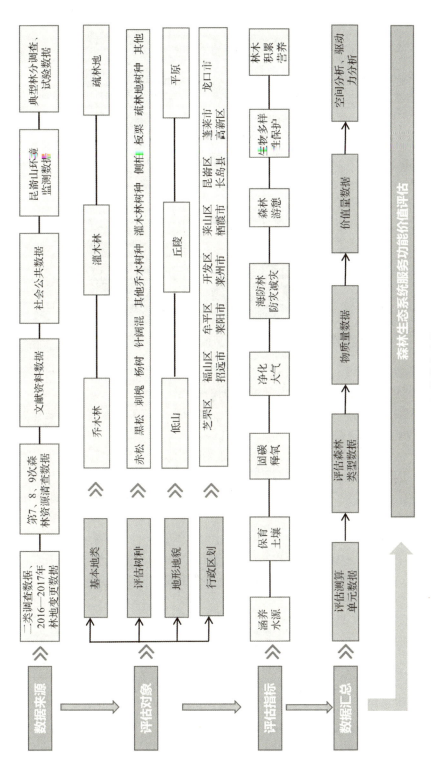

图 3-1 评估技术路线

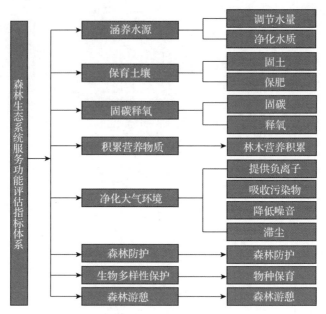

图 3-2　森林生态系统服务功能评估指标体系（LY/T 1721—2008）

将烟台市第7、8、9次森林资源清查数据及烟台市一元立木材积表，应用于优势树种生物量、净生产力数据的统计。

评估地类包括有林地、灌木林地、疏林地，这3个地类对应防护林、特种用途林、用材林、薪炭林。

评估优势树种包括赤松、杨树、栎类、黑松、刺槐、其他（绿化）乔木树种、板栗、侧柏、灌木（包括葡萄、金银花等在内）、疏林地树种。

评估地形地貌包括低山、丘陵、平原地区，其面积与分布以烟台市森林资源普查为依据。

评估的行政区划包括芝罘区、福山区、牟平区、莱山区、高新区、开发区、昆嵛区、蓬莱市、龙口市、招远市、莱州市、莱阳市、海阳市、栖霞市、长岛县，森林资源小班分布以林地变更成果矢量数据库为准。

### 3.3.2　社会公共数据

由烟台市农业农村局、水利局、发展和改革委员会、水文局、文化和旅游局、气象局、农业技术推广中心、农业科学研究院等十几家单位提供数据用于烟台森林资源生态评估八大指标数据的积累。其他一些社会公共数据来源于我国权威机构公布的社会公共数据，包括《中国水利年鉴》、《中华人民共和国水利部水利建筑工程预算定额》、中国农业信息网、国家卫生健康委员会网站、烟台市发展和改革委员会网站等。

### 3.3.3 文献数据

利用中国知网、国家图书馆等网站及各类中文核心期刊，收集各类文献近 400 篇，主要用于分析烟台地区、胶东地区、山东半岛生态数据，包括保育土壤(有林地、无林地土壤侵蚀模数)及部分树种在净化大气方面的能力值、生物多样性指数(Shannon-Wiener)计算。

### 3.3.4 生产数据

与烟台市林业技术推广站、林木种苗站、林业科学研究所、农业技术推广中心、土壤肥料工作站、森林保护站进行数据协商，包括各种水果产量数据、施肥数据、肥料利用数据等，主要用于经济树种生产力调查、经济林标准施肥调查。

### 3.3.5 野外数据

根据前期筛选的主要样地类型，进行野外数据采集。本研究野外数据采集主要针对固碳释氧、林木积累营养物质、保育土壤、涵养水源、森林防护生态功能，涉及的测量指标包括实际蓄积量调查、地上枯落物调查、生物量测算、净生产力测算、枯落物持水、土壤容重、土壤养分(氮、磷、钾)含量、土壤持水量、土层厚度、林木器官养分(氮、磷、钾)含量、海防林区域经济林生长及产量情况。

烟台市生态定位站及其他县(市、区)相关大气监测站点数据，野外数据采集均严格依据国家相关行业技术规程开展。

## 3.4 评估单元划分及样地筛选

### 3.4.1 评估单元划分

参考了《森林生态系统服务功能评估规范》以及烟台自然地理条件，本研究以树种、地形、龄组为评价因子确定基本生态测算单元，在统计面积比例之后，确定样地筛选类型，基本思路如图 3-3 所示。

(1) 树种因子

树种资源是森林生态系统的主体，是森林生态系统生态服务功能的载体，树种资源特性决定了生态系统本身的涵养水源、保育土壤、固碳释氧、林木积累营养物质、净化大气、生物多样性保护、海防林防灾减灾、森林游憩功能，这些功能取决于树种资源的生产力、蓄积量、生物量的高低以及树种丰富程度。

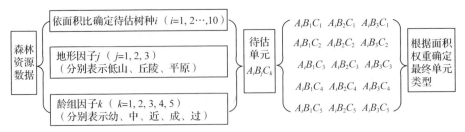

图3-3 样地筛选过程示意

本研究中,树种的确定以树种资源面积作为参考,以烟台市公益林资源中占比较大的树种作为研究对象。林地变更数据统计分析得出,烟台市主要的公益林树种包括赤松(面积占比40.97%)、黑松(面积占比23.05%)、刺槐(面积占比13.11%)、栎类(面积占比12.13%)、杨树(面积占比1.30%)、侧柏(面积占比1.03%)、板栗(面积占比0.08%)、其他乔木树种(面积占比1.72%)、灌木(面积占比0.86%)。赤松、黑松、刺槐、栎类占比较高,是胶东沿海地区主要优势树种。

(2)地形因子

地形因子是影响森林生态系统立地因子非常重要的因素,决定了影响森林生长的小气候、水文、温度、坡度、水蚀、风蚀、土壤等条件,对林木生长至关重要。烟台属低山丘陵区,山丘起伏和缓,沟壑纵横交错,只有部分平原分布于滨海地带及河谷两岸。地势总的趋势是中部高,南、北低。北部地势较陡、南部地势相对平缓。

统计数据显示,烟台市主要地形包括:①低山区:位于市域中部,占全市总面积的36.6%,海拔在500米以上,最高峰为昆嵛山泰礴顶,海拔922.8米,山体高耸峻拔,沟壑深峡,坡度较大;②丘陵区:占全市总面积的39.7%,分布于低山区周围及其延伸部分,海拔100~300米,起伏和缓,连绵逶迤,山坡平缓,沟谷浅宽;③平原区:占全市总面积的23.7%,可以分为准平原、山前河谷冲积平原、山间盆地冲积平原、山间冲积平原、滨海堆积平原等类型。这3个地形分布有着主要的生态公益林资源,立地条件差异大,是影响森林资源生态系统服务功能的重要参考因素。

(3)龄组因子

龄组是反映了林木生长阶段,不同龄组阶段的林木生产力、生物量差别较大。森林生长期龄组分为幼龄林、中龄林、近熟林、成熟林、过熟林。一般情况下,成、过熟林的蓄积量、生物量和生产力较高,具有较强的生态功能,幼龄林处于生长初期,生产力较低,生态服务功能质量较低。

### 3.4.2 样地筛选

本研究以树种、地形、龄组为评价因子确定基本生态单元,在统计面积比例之后,确定样地筛选类型,如表3-1所示,同时计算得到各单元下的蓄积加权平均数。计算步骤如下:①以某树种 i 在某地形 j 情况下某龄组 k 平均蓄积量 $V_i$ 为赋分值 $M_i$;②以某树种 i 在某地形 j 情况下某龄组 k 面积为权重 $A_i$;③蓄积量加权平均值 $X = (M_1A_1 + M_2A_2 + \cdots\cdots)/(A_1 + A_2 + \cdots\cdots)$。针对森林蓄积量、生物量、生产力,需要补充设置样地进行调查。综合考虑树种、地形、龄组因素,确定基本生态单元类型(如表3-1),计算各调查样地单元类型的蓄积量加权平均值。依据树种、地形、龄组、蓄积量、起源相近原则,在每种样地单元类型中筛选3~4个小班作为实地调查样地。单个小班面积不小于5亩,每个小班内设置667平方米标准地进行土样、林木器官、枯落物采集,灌木林生物量采用收获法调查。

表3-1 烟台市森林生态评估基本测算单元

| 树种 | 地形 | 龄组 | 对应蓄积量加权平均值(立方米/公顷) |
| --- | --- | --- | --- |
| 板栗 | 丘陵 | 中龄林 | 36.45 |
| 赤松 | 丘陵 | 幼龄林/中龄林 | 26.76/35.70 |
| 赤松 | 低山 | 幼龄林/中龄林/成熟林 | 28.90/42.22/12.70 |
| 刺槐 | 低山 | 幼龄林/中龄林/近熟林 | 29.06/20.46/25.60 |
| 刺槐 | 丘陵 | 幼龄林/中龄林 | 22.03/43.96 |
| 刺槐 | 平原 | 中龄林/成熟林 | 70.55/75.91 |
| 黑松 | 丘陵 | 幼龄林/中龄林/成熟林 | 36.39/51.09/66.10 |
| 黑松 | 低山 | 幼龄林/中龄林 | 33.73/42.30 |
| 黑松 | 平原 | 幼龄林/中龄林/近熟林 | 63.82/51.71/101.93 |
| 栎类 | 低山 | 幼龄林 | 6.38 |
| 栎类 | 丘陵 | 幼龄林/中龄林 | 8.65/21.94 |
| 其他乔木 | 低山 | 幼龄林/中龄林 | 52.69/53.08 |
| 其他乔木 | 丘陵 | 幼龄林/中龄林 | 22.59/41.35 |
| 其他乔木 | 平原 | 幼龄林/中龄林 | 30.22/58.99 |
| 杨树 | 丘陵 | 幼龄林/中龄林 | 52.40/77.26 |
| 杨树 | 平原 | 幼龄林/中龄林 | 58.44/123.40 |
| 针阔混 | 低山 | 幼龄林/中龄林/成熟林 | 36.33/48.15/68.48 |

(续)

| 树种 | 地形 | 龄组 | 对应蓄积量加权平均值(立方米/公顷) |
|---|---|---|---|
| 针阔混 | 丘陵 | 幼龄林/中龄林 | 23.41/41.24 |
| 针阔混 | 平原 | 幼龄林/中龄林/成熟林 | 14.63/32.92/127.14 |
| 侧柏 | 丘陵 | 幼龄林 | 11.03 |
| 侧柏 | 低山 | 幼龄林 | 9.71 |
| 侧柏 | 平原 | 幼龄林 | 15.36 |

## 3.5 样地调查方法

评估过程中采取资料收集与野外样地调查相结合的办法,在确定基础测算单元的基础上,根据历次一类资源清查数据和变更数据资料,评定蓄积量年增加值、年净生产力数据。同时,需要补充水源涵养、保育土壤、林木养分积累涉及指标数据。依据表3-1在全市设定多块样地,采集土壤样品和植被样品,采样时间为2017年10月上旬和2018年4月下旬。野外样地调查内容包括不同测算单元(表3-1)的林下土壤和枯落物,测定指标包括土层厚度、土壤含水量、毛管最大持水量、土壤饱和含水量、土壤贮水量以及土壤化学性质、枯落物量和持水性能,以评估其水源涵养、保育土壤功能,另一方面,针对不同测算单元主要树种,采集其根、干、叶,测定氮、磷、钾元素分布,以评估其林木积累营养物质功能。

(1)土壤取样

在每个样地内选取典型植被样方,样方内按"S"形选取3个重复点,每个点取表层土壤并用环刀取原状土,以备测定土壤物理性质和化学性质等相关指标;当土层厚度大于30厘米时,取0~30厘米和30厘米以下两层土壤样品。

(2)枯落物调查

在标准地样方内选取枯落物均匀的区域,收取30厘米×30厘米范围内的枯落物,测量枯枝落叶层的厚度,将枯落物收集到自封袋中,带回实验室。塑料袋应贴有标签,标明取样时间、地点、样方号等。测定枯落物自然含水量、持水量及吸水速率等指标。

(3)林木养分元素测定

针对烟台市不同测算单元进行植物器官样本采集,采集优势树种的根、干、叶,进行元素分析,测定氮、磷、钾元素百分比。每个样地上采集3株标准木,测定每株标准木养分元素含量的平均值,代表不同类型样地林木平均养分含量。

## 3.6 评估指标及公式

指标体系依据《森林生态系统服务功能评估规范》(LY/T 1721—2008)制定，并根据烟台市实际情况对指标因子做调整，如：净化大气环境指标因调查条件限制及文献较少，故不做降低噪音评估，森林防护功能，采用海防林带防灾减灾效益评估，通过海防林带促进果树增产来衡量；森林游憩指标，选用年内森林公园旅游收入作为评估值。烟台市森林生态服务功能价值评价具体指标如表3-2所示。

表 3-2　烟台市森林生态服务功能价值评价指标体系

| 功能类型 | 指标类型 | 具体因子 | 备注 |
| --- | --- | --- | --- |
| 支持服务 | 保育土壤 | 森林固土、森林保肥 | 氮、磷、钾元素 |
|  | 林木积累营养物质 | 林木从土壤中吸收、积累养分元素 | 氮、磷、钾元素 |
| 调节服务 | 涵养水源 | 调节水量、净化水质 |  |
|  | 固碳释氧 | 吸收二氧化碳、释放氧气 |  |
|  | 净化大气环境 | 提供负氧离子、滞尘、吸收污染物 | 负氧离子、氟化物、二氧化硫、氮氧化物、PM2.5等 |
|  | 海防林防灾减灾 | 防护经济树种增收 | 海防林带促进果树增产能力 |
| 供给服务 | 生物多样性保护 | 生物多样性保护 | 物种保育 |
| 文化服务 | 森林游憩 | 森林旅游 | 森林公园、景点旅游收入 |

### 3.6.1 涵养水源

森林涵养水源功能主要是指森林对降水的截留、吸收和贮存，将地表水转为地表径流或地下水的作用，主要功能表现在增加可利用水资源、净化水质和调节径流3个方面（罗明达，2011；齐清，2006；辛慧，2008）。前期基础评估选定调节水量指标和净化水质指标，来反映森林的涵养水源功能。评估计算森林涵养水源的方法有多种，考虑到本研究实际情况，确定采用分类统计法，从物质量角度定量评价烟台森林生态系统涵养水分功能，然后以涵养水分量为基础，采用替代工程法，以水库蓄水成本来定量评价各类生态系统土壤涵养水分功能的价值。分类统计法以森林生态系统中主要涵养水源物质为对象，从森林生态系统林冠截留、凋落物持水和土壤蓄水三部分来进行综合计算，以三者之和来综合评价森林生态系统的涵养水源量。

## 3.6.2 保育土壤

森林庞大的树冠、深厚的枯枝落叶层及强壮且网络化的根系均可截留大气降水，减弱或避免雨滴对土壤表层的直接冲击，降低地表径流对土壤的冲蚀，使得土壤流失量大大降低，从而达到有效地固持土体的效果(王百田，2009；田增刚，2009；吴岚，2007)。在森林生长发育和新陈代谢过程中，不断对土壤产生物理及化学作用，参与地表土壤内部的能量转换与物质循环，提高了土壤肥力，因此森林是土壤养分的主要来源之一。前期基础评估中主要从水蚀角度进行保持土壤服务功能价值的评价，其中主要体现在森林减少土壤流失从而保持了土壤肥力和森林减少土地表层侵蚀和水资源损失两个方面，即固土和保肥。

## 3.6.3 固碳释氧

固碳释氧服务功能是森林生态系统最重要的服务功能之一，是指森林生态系统中的植被和土壤微生物通过一系列生物化学过程固定碳素、释放氧气的功能(范建忠，2013；郑淼，2019；逸凡，2012)。森林与大气的物质交换主要是二氧化碳与氧气的交换，即森林固定并减少大气中二氧化碳的和提高并增加大气中的氧气，这对维持大气中的二氧化碳与氧气动态平衡、减少温室效应以及为人类提供生存的基础都有巨大和不可替代的作用。前期基础评估选用固碳和释氧两个指标反映森林固碳释氧功能。根据光合作用化学反应式，森林植被每积累 1.0 克干物质，可以吸收 1.63 克二氧化碳，释放 1.19 克氧气。

## 3.6.4 林木积累营养物质

森林在其生长过程中不断地从土壤环境中吸收氮、磷、钾等营养元素，固定在植物器官内，林木营养物质积累是全球生物化学循环必不可少的环节(成向荣，2014；唐罗忠，2010)。森林植被在生长过程中不断从其周围环境吸收和利用氮、磷、钾等营养元素。森林生态系统的营养物质循环主要在动植物库、凋落物库、微生物库与土壤库之间进行，通过一系列生态过程使营养物质在生物和非生物环境之间交互循环(周玉泉，2018；刘世海，2003；车宗玺，2015)。该功能还有助于减轻下游水源的污染及河流湖泊的富营养化，森林生态系统氮、磷、钾等营养元素的有序循环与良好平衡对森林生产力和生态系统的健康与稳定十分有益。前期基础评估用植物体氮、磷、钾营养元素的积累量来评估森林积累营养物质的效益。

### 3.6.5 净化大气环境

森林生态系统净化大气环境功能指森林通过吸收、过滤、阻隔和分解等系列过程对二氧化硫、氟化物、氮氧化物等气体污染物及固体粉尘、重金属离子等进行降解和净化,降低噪音,并释放负离子和萜稀类物质,提高空气质量的功能(李高阳,2012;李少宁,2018)。树枝树叶表面粗糙、大多具有茸毛、可分泌带黏性的油脂与汁液,因而可吸附大气中的一些粉尘,降低空气含尘量。生物体从周围环境中吸收利用自身生长所需的化学物质,同时吸收有毒有害气体,固定成生物体自身需要的有机物质。森林通过树冠枝叶的尖端放电或者光合作用产生的光电效应可电解空气,产生负氧离子。前期基础评估选取提供负离子、吸收污染物(二氧化硫、氟化物、氮氧化物和重金属、PM2.5)、滞尘等3个指标反映森林净化大气环境的能力,不涉及降噪功能。

### 3.6.6 海防林防灾减灾

烟台本地无大面积的农田防护林网,却有大面积的沿海防护林带,本研究选择海防林带的防灾减灾功能作为研究指标之一。植被根系能够固定土壤,改善土壤结构,降低土壤的裸露程度;地上部分能够增加地表粗糙程度,降低风速,阻截风沙。地上地下的共同作用能够减弱风的强度和挟沙能力,减少土壤流失和风沙的危害(高君亮,2013;朱玉伟,2016)。海防林能够减少海风对土壤、植被、建筑物的侵蚀,同时能减少海雾对植物器官、建筑物的过度腐蚀(胡海波,1998;郝清玉,2009),在本研究中用防护经济树种(苹果)增收经济效益作为海防林防灾减灾功能的价值体现。海防林防灾减灾功能的价值量计算公式:

$$U_{防灾减灾} = V \cdot M \cdot A \tag{3-1}$$

式中:$U_{防灾减灾}$——海防林防灾减灾功能的价值量(元/年);

$V$——苹果价格(元/千克);

$M$——苹果单位面积增收产量[千克/(公顷·年)];

$A$——实际防护面积(公顷)。

### 3.6.7 生物多样性保护

生物多样性维护了自然界的生态平衡,并为人类的生存提供了良好的环境条件。生物多样性是生态系统不可缺少的组成部分,对生态系统服务功能的发挥具有十分重要的作用。繁杂多样的生物及其组合(即生物多样性)与它们的物理环境共同构成了人类所依赖的生命支持系统。森林是生物多样性最丰富的区域,是生物多样性生存和发展的最佳场所,在生物多样性保护方面有着不可替代的作用。Shannon-Wiener 指数是反映森林中物种的丰富度和分布均匀程度的经典指标(王兵,2008;王晶,2015),本研究以此进行生物多样性保护价值进行核算。

### 3.6.8 森林游憩

森林游憩是指森林生态系统为人类提供休闲和娱乐场所产生的价值,包括直接价值和间接价值,采用林业旅游与休闲产值替代法进行核算。烟台市以森林资源为基础,加强森林公园、湿地公园和自然保护区的基础设施建设,提高其观光、休闲、健身、旅游服务功能,同时全市每年参与赏花节、樱桃采摘和林果体验活动人数逐年上升,根据烟台市旅游局提供的 A 类景区数据和烟台市自然资源和规划局(市林业局)提供的森林公园、景区旅游收入数据,进行年度森林游憩价值的核算。

综上,可列出烟台市森林生态系统服务功能价值的各项评估公式如表3-3 所示。

## 3.7 烟台市森林生态系统服务总值

烟台市森林生态服务总价值为上述各分项(共包括 16 项 U 值,计算方法如表 3-3 所示)生态系统服务价值之和,计算公式:

$$U_I = \sum_{i=1}^{16} U_i \qquad (3-2)$$

式中:$U_I$——烟台市森林生态系统服务年总价值(元/年);

$U_i$——烟台市森林生态系统服务各分项年价值(元/年)。

## 表3-3 烟台市森林生态系统服务功能价值评估公式

| 指标类别 | 评估指标 | 物质量 | 价值量 | 备注 |
|---|---|---|---|---|
| 涵养水源 | 调节水量 | $Q_总 = Q_1 + Q_2 + Q_3$ | $U_{调水} = \Sigma n Q_i \cdot C_{库} \cdot d$ | $Q_总$．森林生态系统年总涵养水源量（吨），$Q_1$．林冠层截留量（吨），$Q_2$．枯落物层持水量（吨），$Q_3$．土壤层持水量（吨），$C_{库}$．水库库容造价（元/立方米），$U_{调}$．实测林分年调节水量价值（元/年），$Q_i$．各类森林调节水量（立方米），$d$．贴现率 |
| | 净化水质 | $G_净 = Q_1 + Q_2 + Q_3$ | $U_{水质} = K_水 \cdot G_净 \cdot d$ | $U_{水质}$．林分年净化水质价值（元/年），$K_水$．水的净化费用（元/立方米），$G_净$．森林生态系统林分年净化水量（立方米） |
| 保育土壤 | 固土 | $G_{固土} = A \cdot C \cdot (X_2 - X_1)$ | $U_{固土} = A \cdot C \cdot (X_2 - X_1) d/\rho$ | $G_{固土}$．林分年固土量（吨/年），$X_1$．有林地土壤侵蚀模数[吨/（公顷·年）]，$X_2$．无林地土壤侵蚀模数[吨/（公顷·年）]，$A$．林分面积（公顷），$U_{固土}$．挖取和运输单位土方所需费用（元/立方米），$\rho$．土壤容重（克/立方厘米） |
| | 保肥 | $G_N = A \cdot N \cdot (X_2 - X_1)$；$G_P = A \cdot P \cdot (X_2 - X_1)$；$G_K = A \cdot K \cdot (X_2 - X_1)$；$G_{有机质} = A \cdot M \cdot (X_2 - X_1)$ | $U_{肥} = A \cdot (X_2 - X_1) \cdot (N \cdot C_1/R_1 + P \cdot C_1/R_2 + K \cdot C_2/R_3 + M \cdot C_3) \cdot d$ | $G_N$．森林主årdö土壤而减少的氮流失量（吨/年），$G_P$．森林固持土壤而减少的磷流失量（吨/年），$G_K$．森林固持土壤而减少的钾流失量（吨/年），$G_{有机质}$．森林固持土壤而减少的有机质流失量（吨/年），$N$．森林平均土壤平均含氮量（%），$M$．森林土壤平均有机质含量（%），$K$．森林平均土壤平均含钾量（%），$R_1$．磷酸二铵配合比含氮量（%），$C_1$．磷酸二铵化肥价格（元/吨），$R_2$．磷酸二铵配合比含磷量（%），$R_3$．氯化钾化肥含钾量（%），$C_2$．氯化钾化肥价格（元/吨），$C_3$．有机质价格（元/吨） |
| 固碳释氧 | 固碳 | $G_碳 = A \cdot 1.63 R_碳 \cdot B_年$ | $U_碳 = A \cdot C \cdot 1.63 R_碳 \cdot B_年 \cdot d$ | $G_碳$．实测林分年净生产力[吨/（公顷·年）]，$R_碳$．二氧化碳中碳含量，$U_碳$．实测林分年固碳价值（元/年），$C_碳$．固碳价格（元/吨） |
| | 释氧 | $G_{氧气} = 1.19 A \cdot B_年$ | $U_氧 = 1.19 C_氧 \cdot A \cdot B_年 \cdot d$ | $G_{氧气}$．实测林分年释氧量（吨/年），$C_氧$．制造氧气的价格（元/吨），$U_氧$．实测林分年释氧价值（元/年） |
| 林木积累氮、磷、钾营养物质元素积累 | | $G_氮 = A \cdot B \cdot N_{营养} \cdot B_年$；$G_磷 = A \cdot P_{营养} \cdot B_年$；$G_钾 = A \cdot K_{营养} \cdot B_年$ | $U_{营养} = A \cdot B \cdot (N_{营养} \cdot C_1/R_1 + P_{营养} \cdot C_1/R_2 + C_2/R_3) \cdot d$ | $U_{营养}$．分年释氧价值（元/年），$G_氮$．植被固氮量（吨/年），$G_磷$．植被固磷量（吨/年），$G_钾$．植被固钾量（吨/年），$N_{营养}$．植被含氮量（%），$P_{营养}$．植被含磷量（%），$K_{营养}$．植被含钾量（%），$G_{标}$．单位面积土壤供应养分系数值，$V$．平均含量吸收元素量，林木钾元素含量 |

（续）

| 指标类别 | 评估指标 | 物质量 | 价值量 | 备注 |
|---|---|---|---|---|
| 净化大气环境 | 提供负离子 | $G_{负离子}=5.256\times10^{15} \cdot A \cdot H/L$ | $U_{负离子}=5.256\times10^{15} \cdot A \cdot H \cdot K_{负离子} \cdot (Q_{负离子}-600) \cdot d/L$ | 均施肥量，$R$．肥料利用率，$U_{含养}$．实测林分增加价值（元/年），$N_{含养}$．林木氮元素含量（%），$P_{含养}$．林木磷元素含量（%），$K_{含养}$．林木钾元素含量（%）；$G_{负离子}$．林分提供负离子个数（个/年），$Q_{负离子}$．林分负离子浓度（个/立方厘米），$H$．林分高度（米），$L$．负离子寿命（分钟）；$U_{负离子}$．林分提供负离子价值（元/年），$K_{负离子}$．负离子生产费用（元/个）；$G_{二氧化硫}$．林分年吸收二氧化硫量（千克/年）；$U_{二氧化硫}$．实测林分单位面积二氧化硫价值（元/年），$K_{二氧化硫}$．二氧化硫的治理费用（元/千克）；$G_{氟化物}$．林分年吸收氟化物量（千克/年）；$U_{氟化物}$．单位面积林分年吸收氟化物价值（元/年），$K_{氟化物}$．氟化物治理费用（元/千克）；$G_{氮氧化物}$．林分年吸收氮氧化物量（吨/年）；$U_{氮氧化物}$．单位面积林分年吸收氮氧化物价值（元/公顷·年）；$K_{氮氧化物}$．氮氧化物治理费用（元/千克）；$G_{重金属}$．林分年吸收重金属量（千克/公顷·年）；$U_{重金属}$．单位面积林分年吸收重金属价值（元/公顷·年），$K_{重金属}$．重金属污染治理费用（元/千克），$Q_{重金属}$．林分年滞尘量（吨/年）；$U_{滞尘}$．林分单位面积年滞尘价值（元/年），$G_{PM2.5}$．单位面积林分年滞纳PM2.5量（千克/年），$U_{PM2.5}$．滞纳PM2.5的价值（元/年），$G_{PM10}$．单位面积林分年滞纳PM10量（千克/年），$U_{PM10}$．滞纳PM10的价值（元/年），$K_{滞尘}$．滞尘清理费用（元/千克）；$U_{总}$．$S_{生}$．单位面积林分生物多样性保护价值（元/（公顷·年）] |
| 净化大气环境 | 吸收污染物 | $G_{二氧化硫}=Q_{二氧化硫} \cdot A/1000$; $G_{氟化物}=Q_{氟化物} \cdot A/1000$; $G_{氮氧化物}=Q_{氮氧化物} \cdot A/1000$; $G_{重金属}=Q_{重金属} \cdot A/1000$; | $U_{二氧化硫}=K_{二氧化硫} \cdot Q_{二氧化硫} \cdot A \cdot d$; $U_{氟化物}=K_{氟化物} \cdot Q_{氟化物} \cdot A \cdot d$; $U_{氮氧化物}=K_{氮氧化物} \cdot Q_{氮氧化物} \cdot A \cdot d$; $U_{重金属}=K_{重金属} \cdot Q_{重金属} \cdot A \cdot d$; | |
| 净化大气环境 | 滞尘 | $G_{滞尘}=Q_{滞尘} \cdot A/1000$; | $U_{滞尘}=(G_{滞尘}-G_{PM10}-G_{PM2.5}) \cdot A \cdot K \cdot d + U_{PM10} + U_{PM2.5}$ | |
| 生物多样性保护 | 物种保育 | | $U_{总}=S_{生} \cdot A$ | |
| 森林游憩 | 森林游憩 | | $U_{游憩}=森林公园旅游收入$ | |
| 海防林防灾减灾 | 防护林经济树种增收 | | $U_{防灾减灾}=V \cdot M \cdot A$ | $U_{防灾减灾}$．海防林防灾减灾功能的价值（元/年）；$V$．苹果单位面积增产量（千克/（公顷·年）］；$M$．苹果单价（元/千克） |

## 参考文献

车宗玺,刘贤德,潘欣,等,2015.甘肃省典型林区主要优势树种养分含量变化特征分析[J].生态环境学报,24(2):237-243.

成向荣,徐金良,刘佳,等,2014.间伐对杉木人工林林下植被多样性及其营养元素现存量影响[J].生态环境学报,23(1):30-34.

范建忠,李登科,周辉,2013.陕西省退耕还林固碳释氧价值分析[J].生态学杂志,32(4):874-881.

高君亮,郝玉光,丁国栋,等,2013.乌兰布和荒漠生态系统防风固沙功能价值初步评估[J].干旱区资源与环境,27(12):41-45.

国家林业局,2008.森林生态系统服务功能评估规范:LY/T 1721—2008[S].北京:中国标准出版社.

郝清玉,刘旷勋,王立海,等,2009.沿海防护林防护效能的综合评价[J].森林工程,25(6):25-29.

胡海波,康立新,1998.国外沿海防护林生态及其效益研究进展[J].世界林业研究,2:18-22.

李高阳,毛彦哲,赵辉,等,2012.4种林分类型空气负离子浓度日变化规律[J].山西农业科学,(06):661-663.

李少宁,鲁绍伟,赵云阁,等,2018.北京市7种经济林空气负离子特征研究[J].西南林业大学学报(自然科学)(01):85-90.

刘世海,余新晓,2003.京北山区刺槐林主要养分元素积累与分配的研究[J].北京林业大学学报,25(6):20-25.

罗明达,2011.瘠薄山地生态林蓄水保土功能及生态效益定量评价[D].泰安:山东农业大学.

齐清,2006.胶南市沿海防护林体系结构优化与树种配置的研究[D].泰安:山东农业大学.

钱逸凡,伊力塔,斜培民,等,2012.浙江缙云公益林生物量及固碳释氧效益[J].浙江农林大学学报,29(2):257-264.

唐罗忠,刘志龙,虞木奎,等,2010.两种立地条件下麻栎人工林地上部分养分的积累和分配[J].植物生态学报,34(6):661-670.

田增刚,2009.山东省土壤侵蚀敏感性分区评价及措施配置研究[D].泰安:山东农业大学.

王百田,2009.基于多重分析的山东省水土保持生态功能区划研究[D].北京:北京林业大学.

王兵,郑秋红,郭浩,2008.基于Shannon-Wiener指数的中国森林物种多样性保育价值评估方法[J].林业科学研究(02):268-274.

王晶,焦燕,任一平,等,2015.Shannon-Wiener多样性指数两种计算方法的比较研究[J].水产学报(08):1257-1263.

吴岚,2007.水土保持生态服务功能及其价值研究[D].北京:北京林业大学.

辛慧,2008.泰山森林涵养水源功能与价值评估[D].泰安:山东农业大学.

郑淼, 2019. 冀北山地 4 种典型林分固碳释氧效益估算水土保持研究[J]. 水土保持研究, 26(3): 154-158.

周玉泉, 康文星, 陈日升, 等, 2018. 不同栽植代数杉木林养分吸收、积累和利用效率的比较[J]. 生态学报, 38(11): 3868-3878.

朱玉伟, 桑巴叶, 王永红, 等, 2016. 新疆农田防护林生态系统服务功能价值核算[J]. 西北林学院学报, 31(6): 302-307.

# 4 森林生态系统服务功能评估结果与数据处理

## 4.1 初始评估结果

本研究基础评估部分以烟台市公益林资源森林生态系统为研究对象，基于森林资源一类、二类调查及林地变更数据，结合地貌类型、优势树种、林龄因素，确定烟台市森林生态系统具体评估单元，并依据《森林生态系统服务功能评估规范》(LY/T 1721—2008)选择主要的森林生态系统服务功能评估指标，对烟台市森林生态系统服务功能物质量进行了估算。

### 4.1.1 物质量评估

烟台市公益林资源初始生态服务功能评估物质量体现在以下几个方面。

涵养水源：涵养水源量 6.314 亿立方米/年；

保育土壤：固土总量 921.119 万吨/年，其中土壤有机质 32.369 万吨/年吨，土壤氮 1.395 万吨/年，土壤磷 0.648 万吨/年，土壤钾 12.969 万吨/年；

固碳释氧：吸收二氧化碳 45.116 万吨/年，释放氧气 120.785 万吨/年；林木积累营养物质：积累氮元素 0.587 万吨/年，积累磷元素 0.062 3 万吨/年，积累钾元素 0.310 6 万吨/年；

净化大气：释放负氧离子 $1.65 \times 10^{25}$ 个/年，吸收二氧化硫 4.577 万吨/年，滞尘量 569.226 万吨/年；

海防林防灾减灾：海防林基干林带防护经济林产量 30.623 万吨/年。具体如表 4-1 所示。

表 4-1 公益林生态评估物质量

| 优势树种 | 地貌 | 涵养水源 | 保育土壤 | | | | | 固碳释氧 | |
|---|---|---|---|---|---|---|---|---|---|
| | | 调节水量或净化水量(亿立方米/年) | 固土总量(万吨/年) | 固有机质总量(万吨/年) | 固氮总量(万吨/年) | 固磷总量(万吨/年) | 固钾总量(万吨/年) | 总固碳量(万吨/年) | 总释氧量(万吨/年) |
| 赤松 | 低山 | 0.715 | 153.306 | 5.841 | 0.230 | 0.108 | 1.847 | 3.203 | 8.575 |
| 赤松 | 丘陵 | 1.389 | 177.193 | 6.258 | 0.301 | 0.110 | 2.516 | 7.523 | 20.140 |
| 杨树 | 平原 | 0.183 | 25.030 | 0.219 | 0.018 | 0.019 | 0.319 | 1.888 | 5.054 |
| 杨树 | 丘陵 | 0.223 | 27.579 | 1.073 | 0.036 | 0.021 | 0.432 | 2.938 | 7.866 |
| 栎类 | 低山 | 0.197 | 43.600 | 1.712 | 0.071 | 0.027 | 0.630 | 1.354 | 3.625 |
| 栎类 | 丘陵 | 0.481 | 64.807 | 2.393 | 0.092 | 0.047 | 1.024 | 3.370 | 9.023 |
| 黑松 | 低山 | 0.120 | 25.679 | 0.839 | 0.032 | 0.017 | 0.349 | 0.794 | 2.127 |
| 黑松 | 丘陵 | 0.912 | 109.167 | 3.567 | 0.136 | 0.072 | 1.482 | 6.423 | 17.195 |
| 黑松 | 平原 | 0.153 | 21.901 | 0.025 | 0.015 | 0.014 | 0.254 | 0.558 | 1.495 |
| 刺槐 | 低山 | 0.125 | 26.600 | 1.006 | 0.040 | 0.020 | 0.388 | 1.100 | 2.945 |
| 刺槐 | 丘陵 | 0.600 | 73.916 | 3.087 | 0.122 | 0.048 | 1.113 | 5.491 | 14.700 |
| 刺槐 | 平原 | 0.031 | 4.426 | 0.006 | 0.005 | 0.003 | 0.060 | 0.210 | 0.562 |
| 其他乔木树种 | 低山 | 0.036 | 7.682 | 0.353 | 0.012 | 0.005 | 0.109 | 0.333 | 0.891 |
| 其他乔木树种 | 丘陵 | 0.206 | 26.438 | 1.153 | 0.039 | 0.018 | 0.397 | 2.049 | 5.486 |
| 其他乔木树种 | 平原 | 0.076 | 9.593 | 0.089 | 0.009 | 0.007 | 0.118 | 0.572 | 1.532 |
| 针阔混交林 | 低山 | 0.034 | 6.853 | 0.310 | 0.011 | 0.005 | 0.107 | 0.324 | 0.866 |
| 针阔混交林 | 丘陵 | 0.313 | 39.450 | 2.046 | 0.071 | 0.025 | 0.592 | 3.103 | 8.308 |
| 针阔混交林 | 平原 | 0.010 | 1.403 | 0.020 | 0.001 | 0.001 | 0.020 | 0.080 | 0.213 |
| 板栗 | 丘陵 | 0.184 | 29.055 | 0.532 | 0.042 | 0.030 | 0.507 | 2.158 | 5.777 |
| 侧柏 | 丘陵 | 0.036 | 4.910 | 0.181 | 0.007 | 0.004 | 0.078 | 0.255 | 0.684 |
| 侧柏 | 低山 | 0.020 | 4.391 | 0.172 | 0.007 | 0.003 | 0.063 | 0.136 | 0.365 |
| 侧柏 | 平原 | 0.001 | 0.221 | 0.008 | 0.000 | 0.000 | 0.003 | 0.005 | 0.012 |
| 灌木林 | 丘陵 | 0.269 | 37.919 | 1.478 | 0.098 | 0.045 | 0.561 | 1.249 | 3.344 |
| 合计 | | 6.314 | 921.119 | 32.369 | 1.395 | 0.648 | 12.969 | 45.116 | 120.785 |

| 优势树种 | 地貌 | 净化大气 | | | 林木积累营养物质 | | |
|---|---|---|---|---|---|---|---|
| | | 释放负氧离子总量($10^{23}$个/年) | 污染物量(万吨/年) | 滞尘量(万吨/年) | 积累氮总量(吨/年) | 积累磷总量(吨/年) | 积累钾总量(吨/年) |
| 赤松 | 低山 | 22.848 | 0.711 | 99.357 | 299.055 | 31.058 | 137.637 |
| 赤松 | 丘陵 | 43.658 | 1.359 | 189.852 | 733.349 | 82.931 | 318.185 |
| 杨树 | 平原 | 4.498 | 0.054 | 5.444 | 267.561 | 46.101 | 160.155 |
| 杨树 | 丘陵 | 7.203 | 0.086 | 8.716 | 442.898 | 55.428 | 230.770 |
| 栎类 | 低山 | 6.478 | 0.096 | 7.839 | 166.323 | 17.668 | 88.036 |

· 48 ·

(续)

| 优势树种 | 地貌 | 净化大气 | | | 林木积累营养物质 | | |
|---|---|---|---|---|---|---|---|
| | | 释放负氧离子总量($10^{23}$个/年) | 污染物量(万吨/年) | 滞尘量(万吨/年) | 积累氮总量(吨/年) | 积累磷总量(吨/年) | 积累钾总量(吨/年) |
| 栎类 | 丘陵 | 15.044 | 0.223 | 18.206 | 472.385 | 37.609 | 254.011 |
| 黑松 | 丘陵 | 19.037 | 0.867 | 124.177 | 657.461 | 73.838 | 291.884 |
| 黑松 | 平原 | 2.139 | 0.097 | 13.954 | 47.357 | 5.584 | 26.756 |
| 刺槐 | 低山 | 4.201 | 0.056 | 5.085 | 161.053 | 11.284 | 85.853 |
| 刺槐 | 丘陵 | 15.761 | 0.251 | 22.889 | 865.544 | 62.689 | 382.065 |
| 刺槐 | 平原 | 0.591 | 0.009 | 0.859 | 30.553 | 2.786 | 14.321 |
| 其他乔木树种 | 低山 | 0.980 | 0.016 | 2.236 | 49.205 | 4.643 | 32.054 |
| 其他乔木树种 | 丘陵 | 5.488 | 0.090 | 12.519 | 336.525 | 41.167 | 211.596 |
| 其他乔木树种 | 平原 | 1.437 | 0.024 | 3.277 | 89.470 | 12.616 | 60.917 |
| 针阔混交林 | 低山 | 0.854 | 0.086 | 2.692 | 205.743 | 22.077 | 186.203 |
| 针阔混交林 | 丘陵 | 7.617 | 0.021 | 2.598 | 56.843 | 5.095 | 36.027 |
| 针阔混交林 | 平原 | 0.185 | 0.188 | 23.160 | 551.513 | 60.038 | 332.304 |
| 板栗 | 丘陵 | 2.038 | 0.063 | 1.970 | 226.207 | 26.213 | 151.937 |
| 侧柏 | 丘陵 | 1.140 | 0.017 | 1.379 | 35.793 | 2.850 | 19.246 |
| 侧柏 | 低山 | 0.652 | 0.010 | 0.789 | 16.751 | 1.779 | 8.866 |
| 侧柏 | 平原 | 0.033 | 0.001 | 0.143 | 0.431 | 0.045 | 0.198 |
| 灌木林 | 丘陵 | 0.396 | 0.129 | 4.480 | 76.721 | 11.463 | 39.900 |
| 合计 | | 164.977 | 4.577 | 569.226 | 5865.356 | 622.522 | 3106.041 |

## 4.1.2 按生态单元评估价值量

如表4-2所示,从树种、功能、地形对生态单元基础评估进行具体分析。

**表4-2 烟台市公益林资源初始生态服务功能评估价值量**(按测算单元)

单位:公顷,亿元/年

| 测算单元 | | 面积 | 涵养水源 | 固碳释氧 | 保育土壤 | 林木积累营养物质 | 净化大气 | 生物多样性保护 | 森林游憩 | 海防林防灾减灾 | 合计 |
|---|---|---|---|---|---|---|---|---|---|---|---|
| 树种 | 地形 | | | | | | | | | | |
| 板栗 | 丘陵 | 171.32 | 0.042 | 0.065 | 0.012 | 0.001 | 0.010 | 0.005 | 0.005 | 0.000 | 0.139 |
| 赤松 | 丘陵 | 56391.95 | 14.310 | 10.264 | 3.334 | 0.175 | 13.668 | 12.930 | 3.073 | 0.546 | 58.300 |
| 赤松 | 低山 | 29638.72 | 7.398 | 4.389 | 2.766 | 0.072 | 7.184 | 6.279 | 0.292 | 0.000 | 28.379 |
| 刺槐 | 低山 | 4775.38 | 1.240 | 1.445 | 0.478 | 0.037 | 0.340 | 0.478 | 0.019 | 0.000 | 4.036 |
| 刺槐 | 丘陵 | 21630.55 | 8.315 | 7.402 | 1.466 | 0.189 | 1.519 | 2.163 | 1.347 | 0.583 | 22.984 |
| 刺槐 | 平原 | 1124.02 | 0.432 | 0.385 | 0.076 | 0.010 | 0.079 | 0.112 | 0.035 | 0.321 | 1.451 |

(续)

| 测算单元 | | 面积 | 涵养水源 | 固碳释氧 | 保育土壤 | 林木积累营养物质 | 净化大气 | 生物多样性保护 | 森林游憩 | 海防林防灾减灾 | 合计 |
| --- | --- | --- | --- | --- | --- | --- | --- | --- | --- | --- | --- |
| 树种 | 地形 | | | | | | | | | | |
| 黑松 | 丘陵 | 39 289.92 | 10.010 | 9.335 | 1.955 | 0.167 | 9.462 | 3.929 | 2.049 | 2.432 | 39.339 |
| 黑松 | 低山 | 5 048.04 | 1.197 | 1.046 | 0.430 | 0.018 | 1.216 | 0.505 | 0.097 | 0.019 | 4.528 |
| 黑松 | 平原 | 4 065 | 1.545 | 0.747 | 0.240 | 0.011 | 0.979 | 0.407 | 0.094 | 1.150 | 5.173 |
| 栎类 | 低山 | 7 754.99 | 2.055 | 1.873 | 0.848 | 0.041 | 0.552 | 1.551 | 0.022 | 0.000 | 6.943 |
| 栎类 | 丘陵 | 17 715.23 | 4.944 | 4.587 | 1.220 | 0.114 | 1.261 | 3.543 | 0.830 | 0.027 | 16.526 |
| 其他乔木 | 低山 | 527.75 | 0.140 | 0.173 | 0.059 | 0.005 | 0.042 | 0.016 | 0.010 | 0.000 | 0.443 |
| 其他乔木 | 丘陵 | 2 982.23 | 0.815 | 1.072 | 0.200 | 0.032 | 0.235 | 0.089 | 0.161 | 0.076 | 2.682 |
| 其他乔木 | 平原 | 107.85 | 0.042 | 0.041 | 0.007 | 0.001 | 0.009 | 0.003 | 0.002 | 0.016 | 0.120 |
| 杨树 | 丘陵 | 1 909.55 | 0.516 | 0.900 | 0.117 | 0.024 | 0.136 | 0.095 | 0.089 | 0.065 | 1.943 |
| 杨树 | 平原 | 825.67 | 0.294 | 0.400 | 0.050 | 0.010 | 0.059 | 0.041 | 0.022 | 0.049 | 0.924 |
| 针阔混 | 低山 | 1 145.56 | 0.335 | 0.427 | 0.139 | 0.014 | 0.167 | 0.229 | 0.026 | 0.000 | 1.337 |
| 针阔混 | 丘陵 | 10 655.99 | 3.256 | 4.277 | 0.845 | 0.138 | 1.554 | 2.131 | 0.619 | 0.230 | 13.050 |
| 针阔混 | 平原 | 262.79 | 0.103 | 0.111 | 0.021 | 0.004 | 0.038 | 0.053 | 0.007 | 0.037 | 0.375 |
| 侧柏 | 丘陵 | 1 342.28 | 0.341 | 0.282 | 0.073 | 0.005 | 0.324 | 0.134 | 0.062 | 0.038 | 1.259 |
| 侧柏 | 低山 | 781.02 | 0.190 | 0.139 | 0.070 | 0.002 | 0.189 | 0.078 | 0.002 | 0.007 | 0.677 |
| 侧柏 | 平原 | 42.73 | 0.013 | 0.006 | 0.002 | 0.000 | 0.008 | 0.004 | 0.002 | 0.006 | 0.042 |
| 灌木 | 丘陵 | 1 796.62 | 0.411 | 0.253 | 0.128 | 0.009 | 0.013 | 0.090 | 0.132 | 0.100 | 1.135 |
| 合计 | | 209 985.16 | 57.943 | 49.620 | 14.537 | 1.080 | 39.041 | 34.866 | 8.996 | 5.701 | 211.785 |

就森林生态系统 8 项生态功能数据价值量来看，总价值量为 211.785 亿元/年，单位面积价值量为 10.086 万元/(公顷·年)。其中，涵养水源 57.943 亿元/年，占比 27.36%，单位面积涵养水源价值 2.759 万元/(公顷·年)；固碳释氧 49.620 亿元/年，占比 23.43%，单位面积固碳释氧价值 2.363 万元/(公顷·年)；净化大气 39.041 亿元/年，占比 18.43%，单位面积净化大气价值 1.859 万元/(公顷·年)；生物多样性保护价值 34.866 亿元/年，占比 16.46%，单位面积生物多样性保护价值 1.660 万元/(公顷·年)；保育土壤 14.537 亿元/年，占比 6.86%，单位面积保育土壤价值 0.692 万元/(公顷·年)；森林游憩 8.996 亿元/年，占比 4.25%，单位面积森林游憩价值 0.428 万元/(公顷·年)；海防林防灾减灾 5.701 亿元/年，占比 2.69%，单位面积海防林防灾减灾价值 0.272 万元/(公顷·年)；积累元素 1.080 亿元/年，占比 0.51%，单位面积积累元素价值 0.051 万元/(公顷·年)。

就树种资源来看，因为面积和单位面积服务功能差异，各树种在价值总量上呈现不同程度差异，由大到小排序：赤松 86.679 亿元/年，黑松 49.040 亿元/年，刺槐 28.471 亿元/年，栎类 23.469 亿元/年，针阔混交林 14.762 亿元/年，其他乔木 3.245 亿元/年，杨树 2.868 亿元/年，侧柏 1.978 亿元/年，灌木 1.135 亿元/年，板栗 0.139 亿元/年。单位面积价值量排序为针阔混 12.236 万元/(公顷·年)，杨树 10.484 万元/(公顷·年)，刺槐 10.342 万元/(公顷·年)，黑松 10.132 万元/(公顷·年)，赤松 10.075 万元/(公顷·年)，栎类 9.214 万元/(公顷·年)，侧柏 9.130 万元/(公顷·年)，其他乔木 8.971 万元/(公顷·年)，板栗 8.118 万元/(公顷·年)，灌木 6.317 万元/(公顷·年)。

就森林资源在地形分布上来看，低山区森林资源面积 49 671.46 公顷，占比 23.65%，价值量 46.34 亿元/年，占比 21.88%，单位面积价值量为 9.33 万元/(公顷·年)；丘陵区森林资源面积 153 885.64 公顷，占比 73.28%，价值量 157.36 亿元/年，占比 74.30%，单位面积价值量为 10.23 万元/(公顷·年)；平原区森林资源面积 6 428.06 公顷，占比 3.06%，价值量 8.08 亿元/年，占比 3.82%，单位面积价值量为 12.58 万元/(公顷·年)。

### 4.1.3 按行政区划评估价值量

各县(市、区)各项功能数据如表 4-3 所示。

**表 4-3 烟台市公益林资源初始生态系统服务功能评估价值量**(按行政区划)

单位：亿元/年

| 县(市、区) | 涵养水源 | 固碳释氧 | 保育土壤 | 林木积累营养物质 | 净化大气 | 生物多样性保护 | 森林游憩 | 海防林防灾减灾 | 合计 |
|---|---|---|---|---|---|---|---|---|---|
| 芝罘区 | 1.131 | 1.108 | 0.224 | 0.025 | 0.686 | 0.430 | 0.050 | 0.345 | 3.999 |
| 莱山区 | 1.398 | 1.391 | 0.290 | 0.031 | 1.082 | 0.620 | 0.029 | 0.104 | 4.944 |
| 牟平区 | 10.439 | 8.877 | 2.396 | 0.194 | 7.391 | 8.230 | 2.836 | 0.679 | 41.042 |
| 福山区 | 2.705 | 2.401 | 0.580 | 0.049 | 2.132 | 1.477 | 0.216 | 0.000 | 9.560 |
| 长岛县 | 0.987 | 0.927 | 0.197 | 0.021 | 0.599 | 0.354 | 1.007 | 1.369 | 5.460 |
| 开发区 | 0.810 | 0.741 | 0.186 | 0.017 | 0.519 | 0.343 | 0.018 | 0.318 | 2.950 |
| 昆嵛山 | 2.334 | 1.616 | 0.825 | 0.031 | 2.098 | 1.756 | 0.200 | 0.000 | 8.860 |
| 莱阳市 | 1.623 | 1.532 | 0.377 | 0.037 | 0.811 | 0.944 | 0.015 | 0.002 | 5.341 |
| 龙口市 | 3.679 | 3.357 | 0.786 | 0.071 | 2.547 | 1.582 | 0.716 | 0.413 | 13.150 |
| 蓬莱市 | 3.542 | 3.322 | 0.728 | 0.083 | 1.549 | 1.320 | 0.659 | 0.181 | 11.383 |
| 栖霞市 | 10.708 | 8.694 | 3.632 | 0.183 | 6.996 | 7.472 | 0.067 | 0.000 | 37.751 |
| 招远市 | 5.775 | 5.270 | 1.218 | 0.119 | 3.635 | 2.708 | 1.275 | 0.191 | 20.191 |
| 海阳市 | 7.083 | 6.218 | 1.591 | 0.143 | 4.290 | 4.445 | 1.651 | 0.832 | 26.253 |
| 莱州市 | 5.219 | 3.689 | 1.404 | 0.068 | 4.264 | 2.975 | 0.245 | 0.841 | 18.705 |
| 高新区 | 0.512 | 0.480 | 0.103 | 0.009 | 0.443 | 0.212 | 0.011 | 0.425 | 2.196 |
| 合计 | 57.943 | 49.620 | 14.537 | 1.080 | 39.041 | 34.866 | 8.996 | 5.701 | 211.785 |

各县(市、区)公益林资源总价值量占比排序：牟平区(19.38%)>栖霞市(17.83%)>海阳市(12.40%)>招远市(9.53%)>莱州市(8.83%)>龙口市(6.21%)>蓬莱市(5.37%)>福山区(4.51%)>昆嵛山(4.18%)>长岛县(2.58%)>莱阳市(2.52%)>莱山区(2.33%)>芝罘区(1.89%)>开发区(1.39%)>高新区(1.04%)。

单位面积公益林生态系统服务功能价值量排序：长岛县[16.056万元/(公顷·年)]>高新区[11.145万元/(公顷·年)]>牟平区[10.662万元/(公顷·年)]>开发区[10.518万元/(公顷·年)]>海阳市[10.394万元/(公顷·年)]>芝罘区[10.375万元/(公顷·年)]>龙口市[10.176万元/(公顷·年)]>招远市[10.138万元/(公顷·年)]>蓬莱市[10.126万元/(公顷·年)]>莱州市[9.888万元/(公顷·年)]>莱山区[9.617万元/(公顷·年)]>昆嵛山[9.614万元/(公顷·年)]>福山区[9.445万元/(公顷·年)]>栖霞市[9.238万元/(公顷·年)]>莱阳市[9.109万元/(公顷·年)]。

## 4.2 评估数据内部调整

### 4.2.1 内部修正原理

采集完8项生态功能数据后，按照之前所述单元类型，进行分类列表整理。以每个森林小班为一个统计单位，按照树种、地形、起源、区位等筛选因子录入烟台市生态公益林数据库，此时录入数据为自然立地条件下的生态功能均值，没有考虑具体小班的具体生物量、覆盖度等指标，因此需要先做内部修正。

"修正"作为一种状态，表明系统各要素之间具有相对"融洽"的关系。当用现有的野外实测值不能代表同一生态单元同一目标林分类型的其他评估林分时，引入森林生态功能修正系数对其进行修正(王兵，2015；刘胜涛，2018)。生态系统的服务功能大小与该生态系统的生物量、蓄积量有密切关系，一般来说，生物量越大，生态服务功能越强(王兵，2015；彭建，2018；宋庆丰，2015)。本研究引入中国林业科学研究院王兵研究员的森林生态功能修正系数概念，对烟台市森林小班进行内部生态功能调整。

乔木林、疏林采用蓄积量—生物量进行调整，生物量测算及年净生产力测算采用联合政府间气候变化专业委员会(IPCC)推荐使用的生物量转换因子，具体数值如表4-4所示(范海兰，2004；方精云，1996；方精云，2001)。公式为 $F = B/B_0 = BEF \cdot V/B_0$，$F$ 为森林生态功能修正系数；$BEF$

为蓄积量与生物量的转换因子；$B_0$ 为实测林分单位面积公顷生物量(千克/立方米)；$V$ 为评估林分单位面积公顷蓄积量(立方米；方精云，1996；方精云，2001；赵敏，2004；张茂震，2009)；式中 $BEF$ 的换算因子公式采用生物量转换因子连续函数法：$BEF=a+b/V$，即 $B=BEF \cdot V=aV+b$ 式中 $a$ 和 $b$ 为常数，$BEF$ 为生物量换算因子，$V$ 为林分蓄积(立方米)。灌木林采用覆盖度进行调整，公式为 $F=$ 资源小班数据库中覆盖度/实测灌木林小班平均覆盖度(彭建，2019；栾晓玲，2006；张瑜，2000)。

表 4-4　IPCC 推荐使用的生物量转换因子($BEF$)

| 编号 | $a$ | $b$ | 森林类型 | $R^2$ | 备注 |
| --- | --- | --- | --- | --- | --- |
| 1 | 0.61 | 46.15 | 柏木 | 0.96 | 针叶树种 |
| 2 | 1.15 | 8.55 | 栎类 | 0.98 | 阔叶树种 |
| 3 | 0.61 | 33.81 | 落叶松 | 0.82 | 针叶树种 |
| 4 | 1.04 | 8.06 | 樟木、楠木、槠、青冈 | 0.89 | 阔叶树种 |
| 5 | 0.81 | 18.47 | 针阔混交林 | 0.99 | 混交树种 |
| 6 | 0.63 | 91 | 檫木、阔叶混交林 | 0.86 | 混交树种 |
| 7 | 0.76 | 8.31 | 杂木 | 0.98 | 阔叶树种 |
| 8 | 0.59 | 18.74 | 华山松 | 0.91 | 针叶树种 |
| 9 | 1.09 | 2 | 樟子松、赤松 | 0.98 | 针叶树种 |
| 10 | 0.76 | 5.09 | 油松 | 0.96 | 针叶树种 |
| 11 | 0.52 | 33.24 | 其他松类和针叶树 | 0.94 | 针叶树种 |
| 12 | 0.48 | 30.6 | 杨树 | 0.87 | 阔叶树种 |

### 4.2.2　内部修正方法

具体方法如下：

(1) 实测样地蓄积量、生物量评估

通过前期筛选样地进行实际测量，获得实测平均公顷蓄积量 $V_0$ 和实测平均公顷生物量 $B_0$，如表 4-5 所示。

表 4-5　评估实测样地蓄积量、生物量

| 树种 | 地形 | $V_0$(立方米) | $B_0$(吨) |
| --- | --- | --- | --- |
| 板栗 | 丘陵 | 35.53 | 49.41 |
| 赤松 | 丘陵 | 28.71 | 33.29 |
| 赤松 | 低山 | 28.45 | 33.01 |
| 刺槐 | 低山 | 28.86 | 41.74 |
| 刺槐 | 丘陵 | 35.54 | 49.42 |
| 刺槐 | 平原 | 62.60 | 80.54 |
| 黑松 | 丘陵 | 45.07 | 56.67 |

(续)

| 树种 | 地形 | $V_0$(立方米) | $B_0$(吨) |
|---|---|---|---|
| 黑松 | 低山 | 30.38 | 49.04 |
| 黑松 | 平原 | 72.46 | 70.92 |
| 栎类 | 低山 | 8.12 | 17.89 |
| 栎类 | 丘陵 | 13.12 | 23.64 |
| 其他乔木 | 低山 | 53.99 | 49.34 |
| 其他乔木 | 丘陵 | 34.39 | 34.44 |
| 其他乔木 | 平原 | 46.76 | 43.85 |
| 杨树 | 丘陵 | 72.59 | 65.44 |
| 杨树 | 平原 | 103.62 | 80.34 |
| 针阔混 | 低山 | 45.52 | 55.34 |
| 针阔混 | 丘陵 | 32.28 | 44.61 |
| 针阔混 | 平原 | 48.86 | 58.05 |
| 侧柏 | 丘陵 | 13.43 | 54.34 |
| 侧柏 | 低山 | 9.96 | 52.22 |
| 侧柏 | 平原 | 16.13 | 55.99 |

(2)森林资源小班生物量计算

对照 IPCC 推荐使用的生物量转换因子($BEF$;附表3),计算每个待估森林资源小班数据库中乔木林、疏林小班公顷生物量。

(3)生态功能调整系数计算及特征分析

计算森林生态功能调整系数,$F = B/B_0 = BEF \cdot V/B_0$,$F$ 为森林生态功能修正系数。通过 Excel 软件对 34 782 个公益林小班进行分析,少部分小班的调整系数最大达到 18,明显不符合实际。具体特征见表 4-6。

表 4-6 调整系数特征

| 标准差 | 方差 | 均值 | 最低值 | 最高值 |
|---|---|---|---|---|
| 0.8118 | 0.6592 | 0.9138 | 0.0601 | 18.0801 |

| 标准差特征 | 系数最低值 | 系数最高值 | 频数(个) | 备注 |
|---|---|---|---|---|
| -1.5~-1 Std. Dev. | 0.060 1 | 0.101 5 | 1 049 | |
| -1~-0.5 Std. Dev. | 0.102 3 | 0.507 7 | 9 482 | |
| -0.5~0.50 Std. Dev. | 0.508 3 | 1.319 7 | 17 814 | |
| 0.50~1.5 Std. Dev. | 1.319 8 | 2.131 2 | 4 392 | |
| 1.5~2 Std. Dev. | 2.131 6 | 2.537 4 | 781 | |
| >2Std. Dev. | 2.538 1 | 18.08 | 1 270 | 系数应设为均值 |

(4)调整系数 z 值(z-score)标准化

用 Excel 软件进行如下操作:

①求出调整系数值(指标)的算术平均值(数学期望)$x_i$和标准差$s_i$;
②进行标准化处理:

$$z_{ij}=(x_{ij}-x_i)/s_i \qquad (4-1)$$

式中:$z_{ij}$——标准化后的变量值;

$x_{ij}$——实际变量值。

标准化处理后的数值绝大部分值比较小,在-1到1左右,标准化处理后的绝对值如果大于2,那么它就属于异常值(丁江涛,2008;孙培强,2010)。在做分析时需要将异常值剔除,该部分数据取平均值不做调整。

(5)调整计算森林生态功能服务价值

调整后的生态功能值=原始平均值×森林生态功能调整系数①。每一个小班在此基础上进行调整后,均获得了一个具体贴近实际的森林生态功能服务价值数据。

## 4.3 内部修正后结果

根据前述调整方法进行数据的内部修正,得到修正后的价值量统计表如表4-7所示。

(1)按测算单元评估

调整后,按23个测算单元进行统计,结果如表4-7所示。

**表4-7 烟台市公益林资源调整后生态服务功能评估价值量**(按测算单元)

单位:公顷,亿元/年

| 测算单元 | | 面积 | 涵养水源 | 固碳释氧 | 保育土壤 | 林木积累营养物质 | 净化大气 | 生物多样性保护 | 森林游憩 | 海防林防灾减灾 | 合计 |
|---|---|---|---|---|---|---|---|---|---|---|---|
| 树种 | 地形 | | | | | | | | | | |
| 板栗 | 丘陵 | 171.32 | 0.027 | 0.042 | 0.008 | 0.001 | 0.010 | 0.005 | 0.005 | 0.000 | 0.097 |
| 赤松 | 丘陵 | 56 391.95 | 12.462 | 8.939 | 2.903 | 0.152 | 13.668 | 12.930 | 3.073 | 0.546 | 54.674 |
| 赤松 | 低山 | 29 638.72 | 6.291 | 3.732 | 2.352 | 0.061 | 7.184 | 6.279 | 0.292 | 0.000 | 26.189 |
| 刺槐 | 低山 | 4 775.38 | 0.996 | 1.161 | 0.384 | 0.030 | 0.340 | 0.478 | 0.019 | 0.000 | 3.407 |
| 刺槐 | 丘陵 | 21 630.55 | 6.977 | 6.211 | 1.230 | 0.158 | 1.519 | 2.163 | 1.347 | 0.583 | 20.190 |
| 刺槐 | 平原 | 1 124.02 | 0.375 | 0.334 | 0.066 | 0.009 | 0.079 | 0.112 | 0.035 | 0.321 | 1.332 |
| 黑松 | 丘陵 | 39 289.92 | 9.879 | 9.212 | 1.930 | 0.165 | 9.462 | 3.929 | 2.049 | 2.432 | 39.058 |
| 黑松 | 低山 | 5 048.04 | 1.171 | 1.024 | 0.420 | 0.017 | 1.216 | 0.505 | 0.097 | 0.019 | 4.469 |

---

① 此处所指原始平均值是针对固碳释氧、林木积累营养物质、涵养水源、保育土壤功能所作的调整,因为这些指标的大小与植被生物量有着密切联系,生物多样性保护、森林游憩等指标受生物量影响偏弱

（续）

| 测算单元 | | 面积 | 涵养水源 | 固碳释氧 | 保育土壤 | 林木积累营养物质 | 净化大气 | 生物多样性保护 | 森林游憩 | 海防林防灾减灾 | 合计 |
| --- | --- | --- | --- | --- | --- | --- | --- | --- | --- | --- | --- |
| 树种 | 地形 | | | | | | | | | | |
| 黑松 | 平原 | 4 065 | 1.532 | 0.741 | 0.238 | 0.011 | 0.979 | 0.407 | 0.094 | 1.150 | 5.152 |
| 栎类 | 低山 | 7 754.99 | 1.580 | 1.441 | 0.652 | 0.032 | 0.552 | 1.551 | 0.022 | 0.000 | 5.830 |
| 栎类 | 丘陵 | 17 715.23 | 3.720 | 3.451 | 0.918 | 0.086 | 1.261 | 3.543 | 0.830 | 0.027 | 13.835 |
| 其他乔木 | 低山 | 527.75 | 0.140 | 0.173 | 0.059 | 0.005 | 0.042 | 0.016 | 0.010 | 0.000 | 0.443 |
| 其他乔木 | 丘陵 | 2 982.23 | 0.654 | 0.861 | 0.161 | 0.026 | 0.235 | 0.089 | 0.161 | 0.076 | 2.263 |
| 其他乔木 | 平原 | 107.85 | 0.031 | 0.031 | 0.005 | 0.001 | 0.009 | 0.003 | 0.002 | 0.016 | 0.098 |
| 杨树 | 丘陵 | 1 909.55 | 0.474 | 0.827 | 0.108 | 0.022 | 0.136 | 0.095 | 0.089 | 0.065 | 1.816 |
| 杨树 | 平原 | 825.67 | 0.265 | 0.361 | 0.045 | 0.009 | 0.059 | 0.041 | 0.022 | 0.049 | 0.850 |
| 针阔混 | 低山 | 1 145.56 | 0.324 | 0.414 | 0.135 | 0.013 | 0.167 | 0.229 | 0.026 | 0.000 | 1.309 |
| 针阔混 | 丘陵 | 10 655.99 | 2.915 | 3.829 | 0.756 | 0.123 | 1.554 | 2.131 | 0.619 | 0.230 | 12.159 |
| 针阔混 | 平原 | 262.79 | 0.089 | 0.096 | 0.018 | 0.003 | 0.038 | 0.053 | 0.007 | 0.037 | 0.341 |
| 侧柏 | 丘陵 | 1 342.28 | 0.332 | 0.274 | 0.071 | 0.005 | 0.324 | 0.134 | 0.062 | 0.038 | 1.240 |
| 侧柏 | 低山 | 781.02 | 0.190 | 0.139 | 0.070 | 0.005 | 0.189 | 0.078 | 0.007 | 0.000 | 0.677 |
| 侧柏 | 平原 | 42.73 | 0.012 | 0.006 | 0.002 | 0.000 | 0.008 | 0.004 | 0.002 | 0.006 | 0.040 |
| 灌木 | 丘陵 | 1 796.62 | 0.411 | 0.253 | 0.128 | 0.009 | 0.013 | 0.090 | 0.132 | 0.100 | 1.135 |
| 合计 | | 209 985.16 | 50.848 | 43.550 | 12.660 | 0.942 | 39.041 | 34.866 | 8.996 | 5.701 | 196.603 |

就森林生态系统 8 项生态功能数据价值量来看，总价值量为 196.603 亿元/年，单位面积价值量为 9.363 万元/（公顷·年），调整后总价值量减少了 15.182 亿元/年，单位面积价值量减少了 0.723 万元/（公顷·年），占比 7.72%。调整后，涵养水源、固碳释氧、保育土壤、林木积累营养物质的价值量比调整前均呈现了下降趋势。这主要是因为，初始森林生态服务功能评估时，没有考虑到森林小班数据库中每个小班的实际蓄积量、生物量，有的小班因为调查失误造成了明显错误，在前述调整中，针对这部分小班进行了平均化处理，因此调整后的价值呈现了缩小的趋势。

就各项功能来看，涵养水源 50.848 亿元/年，占比 25.86%，单位面积涵养水源价值 2.421 万元/（公顷·年）；固碳释氧 43.550 亿元/年，占比 22.15%，单位面积固碳释氧价值 2.074 万元/（公顷·年）；净化大气 39.041 亿元/年，占比 19.86%，单位面积净化大气价值 1.859 万元/（公顷·年）；生物多样性保护价值 34.866 亿元/年，占比 17.73%，单位面积生物多样性保护价值 1.660 万元/（公顷·年）；保育土壤 12.660 亿元/年，占比 6.44%，单位面积保育土壤价值 0.603 万元/（公顷·年）；森林游憩 8.996 亿元/年，占比 4.58%，单位面积森林游憩价值 0.428 万元/（公顷·年）；海防林防灾减灾 5.701 亿元/年，占比 2.90%，单位面积海防林防灾减灾价值 0.272 万元/（公顷·年）；积累元素

0.942亿元/年，占比0.48%，单位面积积累元素价值0.045万元/(公顷·年)。

调整后各树种在价值总量上呈现不同程度差异，由大到小排序为：赤松80.862亿元/年，黑松48.679亿元/年，刺槐24.928亿元/年，栎类19.666亿元/年，针阔混交林13.809亿元/年，其他乔木2.804亿元/年，杨树2.667亿元/年，侧柏1.957亿元/年，灌木1.135亿元/年，板栗0.097亿元/年。单位面积价值量排序为针阔混11.446万元/(公顷·年)，黑松10.057万元/(公顷·年)，杨树9.749万元/(公顷·年)，赤松9.399万元/(公顷·年)，刺槐9.055万元/(公顷·年)，栎类7.721万元/(公顷·年)，侧柏9.034万元/(公顷·年)，其他乔木7.751万元/(公顷·年)，板栗5.636万元/(公顷·年)，灌木6.317万元/(公顷·年)。

就森林资源在地形分布上来看，低山区森林资源面积49 671.46公顷，占比23.65%，价值量42.325亿元/年，占比21.53%，单位面积价值量为8.52万元/(公顷·年)；丘陵区森林资源面积153 885.64公顷，占比73.28%，价值量146.466亿元/年，占比74.50%，单位面积价值量为9.52万元/(公顷·年)；平原区森林资源面积6428.06公顷，占比3.06%，价值量7.813亿元/年，占比3.97%，单位面积价值量为12.15万元/(公顷·年)。

(2) 按行政区划评估

调整后，各县(市、区)公益林资源初始生态服务功能评估价值量如表4-8所示。

表4-8 烟台市公益林资源调整后生态服务功能评估价值量(按行政区划)

单位：亿元/年

| 县(市、区) | 涵养水源 | 固碳释氧 | 保育土壤 | 林木积累营养物质 | 净化大气 | 生物多样性保护 | 森林游憩 | 海防林防灾减灾 | 合计 |
|---|---|---|---|---|---|---|---|---|---|
| 芝罘区 | 1.305 | 1.275 | 0.260 | 0.029 | 0.686 | 0.430 | 0.050 | 0.345 | 4.379 |
| 莱山区 | 1.918 | 1.926 | 0.398 | 0.043 | 1.082 | 0.620 | 0.029 | 0.104 | 6.120 |
| 牟平区 | 9.444 | 7.907 | 2.138 | 0.167 | 7.391 | 8.230 | 2.836 | 0.679 | 38.791 |
| 福山区 | 2.601 | 2.283 | 0.563 | 0.046 | 2.132 | 1.477 | 0.216 | 0.000 | 9.318 |
| 长岛县 | 1.044 | 0.991 | 0.208 | 0.023 | 0.599 | 0.354 | 1.007 | 1.369 | 5.594 |
| 开发区 | 0.603 | 0.551 | 0.143 | 0.012 | 0.519 | 0.343 | 0.018 | 0.318 | 2.507 |
| 昆嵛山 | 2.692 | 1.852 | 0.964 | 0.036 | 2.098 | 1.756 | 0.200 | 0.000 | 9.598 |
| 莱阳市 | 1.454 | 1.390 | 0.342 | 0.034 | 0.811 | 0.944 | 0.015 | 0.002 | 4.992 |
| 龙口市 | 3.699 | 3.376 | 0.791 | 0.073 | 2.547 | 1.582 | 0.716 | 0.413 | 13.196 |
| 蓬莱市 | 2.736 | 2.555 | 0.556 | 0.064 | 1.549 | 1.320 | 0.659 | 0.181 | 9.620 |
| 栖霞市 | 8.463 | 6.754 | 2.932 | 0.139 | 6.996 | 7.472 | 0.067 | 0.000 | 32.823 |
| 招远市 | 3.492 | 3.253 | 0.749 | 0.072 | 3.635 | 2.708 | 1.275 | 0.191 | 15.375 |

(续)

| 县（市、区） | 涵养水源 | 固碳释氧 | 保育土壤 | 林木积累营养物质 | 净化大气 | 生物多样性保护 | 森林游憩 | 海防林防灾减灾 | 合计 |
|---|---|---|---|---|---|---|---|---|---|
| 海阳市 | 7.336 | 6.436 | 1.651 | 0.149 | 4.290 | 4.445 | 1.651 | 0.832 | 26.790 |
| 莱州市 | 3.425 | 2.410 | 0.841 | 0.045 | 4.264 | 2.975 | 0.245 | 0.841 | 15.046 |
| 高新区 | 0.635 | 0.592 | 0.125 | 0.011 | 0.443 | 0.212 | 0.011 | 0.425 | 2.454 |
| 合计 | 50.848 | 43.550 | 12.660 | 0.942 | 39.041 | 34.866 | 8.996 | 5.701 | 196.603 |

调整后，各县（市、区）总价值量排序有所变化，海阳市、龙口市、昆嵛山、福山区、莱山区、长岛县、芝罘区、高新区价值量升高，占比也随之提高，其他县（市、区）占比下降。各县市区公益林资源总价值量排序为牟平区（19.73%）＞栖霞市（16.69%）＞海阳市（13.63%）＞招远市（7.82%）＞莱州市（7.65%）＞龙口市（6.71%）＞蓬莱市（4.89%）＞昆嵛山（4.88%）＞福山区（4.74%）＞莱山区（3.11%）＞长岛县（2.85%）＞莱阳市（2.54%）＞芝罘区（2.23%）＞开发区（1.27%）＞高新区（1.25%）。

调整后，各县市区单位面积价值量有所变化。长岛县、高新区、莱山区、芝罘区、海阳市、昆嵛山、龙口市单位面积价值量提升，其他县市区单位面积价值降低。单位面积公益林生态服务价值量排序为长岛县[16.450万元/（公顷·年）]＞高新区[12.458万元/（公顷·年）]＞莱山区[11.905万元/（公顷·年）]＞芝罘区[11.363万元/（公顷·年）]＞海阳市[10.607万元/（公顷·年）]＞昆嵛山[10.415万元/（公顷·年）]＞龙口市[10.212万元/（公顷·年）]＞牟平区[10.077万元/（公顷·年）]＞福山区[9.206万元/（公顷·年）]＞开发区[8.937万元/（公顷·年）]＞蓬莱市[8.558万元/（公顷·年）]＞莱阳市[8.513万元/（公顷·年）]＞栖霞市[8.032万元/（公顷·年）]＞莱州市[7.953万元/（公顷·年）]＞招远市[7.720万元/（公顷·年）]。

## 4.4 属性数据矢量化

本研究生态基准价区片划分在Arcgis软件上实现，该软件实现了属性数据和空间数据的结合，为森林生态属性数据的赋值和空间分析提供了绝佳的便利。

每个森林资源小班的生态功能内部调整在Excel或者Access软件上完成之后，基于每个小班的小班号或者资源标识符（OBJECT ID），与Arcgis软件创建属性数据空间链接，在烟台市公益林资源矢量数据库中录入了修正后的生态功能值，固碳释氧、林木积累营养物质、涵养水源、保育土壤功、生物多样性保护、森林游憩、净化大气、海防林防灾减灾功能的单位价值也可以通过此途径进行属性连接录入。

**参考文献**

艾训安,2013.厦门岛生态系统服务价值评价及其未来发展趋势分析[D].福州:福建农林大学.

范海兰,洪伟,吴承祯,等,2004.福建省森林生态系统服务价值的变化[J].福建农林大学学报(自然科学版),33(3):347-351.

方精云,陈安平,赵淑清,等,2002.中国森林生物量的估算:对Fang等Science一文(Science,2001,291:2320-2322)的若干说明[J].植物生态学报,26(2):243-249.

方精云,刘国华,1996.我国森林植被的生物量和净生产量[J].生态学报,1(5):497-508.

方精云,刘国华,徐嵩龄,1996.我国森林植被的生物量和净生产量[J].生态学报,16(5):497-508.

刘胜涛,牛香,王兵,等,2018.陕西省退耕还林工程生态效益评估[J].生态学报,38(16):5759-5770.

彭建,徐飞雄,2019.不同格网尺度下的黄山市生境质量差异分析[J].地球信息科学学报,21(6):887-897.

宋庆丰,王雪松,王晓燕,等,2015.基于生物量的森林生态功能修正系数的应用——以辽宁省退耕还林工程为例[J].中国水土保持科学,13(3):113-116.

粟晓玲,康绍忠,佟玲,2006.内陆河流域生态系统服务价值的动态估算方法与应用——以甘肃河西走廊石羊河流域为例[J].生态学报,26(6):2011-2019.

孙培强,2013.正确选择统计判别法剔除异常值[J].计量技术,11:71-73.

王兵,2015.森林生态连清技术体系构建与应用[J].北京林业大学学报,37(1):1-8.

王红卫,白力军,2008.Excel函数经典应用案例[M].北京:清华大学出版社.

张茂震,王广兴,刘安兴,2009.基于森林资源连续清查资料估算的浙江省森林生物量及生产力[J].林业科学,45(9):13-17.

张瑜,2018.黄土高原生态系统服务价值动态评估及其变化研究[D].北京:中国科学院大学.

赵敏,周广胜,2004.基于森林资源清查资料的生物量估算模式及其发展趋势[J].应用生态学报,15(8):1468-1472.

# 5 森林生态系统服务功能基准价区片划分

## 5.1 区片划分原理

本研究将地块相连、结构相似、生态价值相近的区域,借助 ArcGIS 软件的属性数据及空间分析功能,实现区片空间划分及基准价等级划分。为了进一步说明森林生态基准价的特点,现把森林生态基准价与基准地价做对比说明,如表 5-1 所示。

表 5-1 森林生态基准价-基准地价对比

| 项目 | 森林生态基准价 | 土地基准地价 |
|---|---|---|
| 市场属性 | 无直接市场价值,不同于森林资源的价格,是森林生态的间接衍生价值,森林生态服务价值计算以年为单位 | 有直接的市场价值,以宗地交易案例为依据,是土地资产属性的直观反映 |
| 定价决定因素 | 和森林植被状态、树种组成、地形等因子直接相关。通过 8 个生态服务功能涵养水源(调节水量、净化水质)、保育土壤(固土、保肥)、固碳释氧、林木积累营养物质(氮、磷、钾等元素)、净化大气(提供负离子、吸收污染物、滞尘、PM2.5 等)、生物多样性保护(物种保育)、海防林防灾减灾(防护经济林生产水果提高产值)、森林游憩(森林旅游)来体现 | 土地的基础设施完备程度(路、水、电、气、热、电讯)、平整程度、权利性质、使用年限、用途(通常分为商业、办公、居住、工业等不同的用途)、容积率(通常按用途来明确相应的容积率)等 |
| 样点数据来源 | 森林资源连清数据(资源一、二类数据,森林面积,生产力等)、生态连清数据(降水、土壤侵蚀、土壤元素、地质条件、生物多样性、净化大气指标数据)、社会公共数据(水库库容造价、净水价格、化肥价格、有机质及碳价格、氧气价格、大气污染收费治理价格等) | 出售样点资料包括土地使用权出让、转让资料、房地产评估资料、房屋买卖资料、商品房出售资料、土地联营入股资料、联合建房资料和以地换房资料等。出租资料主要指土地使用权出租、房屋出租(铺面、写字楼、住宅楼、厂房等) |

（续）

| 项目 | 森林生态基准价 | 土地基准地价 |
|---|---|---|
| 样点价格计算方法 | 从物质量到价值量的分布计算方法。涵养水源（替代工程法、水量平衡法）、保育土壤（机会成本法、生产成本法）、固碳释氧法（碳税法、市场价值法）、净化大气（生产成本法和费用替代法）、海防林防灾减灾（替代法、市场价值法）、森林游憩（费用替代法） | 收益还原法、剩余法、市场比较法及成本逼近法 |
| 基准价定价方法 | 通过小班生态服务价值数据的统计分析，在合理标准差控制范围内，把生态价值服务数据分成6类，每个类别剔除异常值后的平均价格，为生态基准价 | 建设用地基准地价评估路线：在土地级别或均质区域划分的基础上，依据各类市场交易样点资料计算样点地价，并进行修正和统计检验后确定基准地价或在初期市场不发育样点较少时，使用土地收益还原测算各级基准地价 |
| 区片组成单位 | 本研究以市域全部公益林资源为对象，划分成多个生态单元，根据生态单元数据对所有小班分类。最小的评估单位是森林资源小班，面积最小1亩，最大225亩 | 以一个具体城市为对象，确定其基准地价评估的区域范围，如是该城市的整个行政区域，还是规划区、市区或建成区等。评估的区域范围大小，主要是根据实际需要和可投入评估的人力、财力、物力等情况来定 |
| 区片特征 | 以森林小班为组成单位，综合考虑树种、生产力、地形地貌等因素并经8项指标评估后，价格相近、位置相连的区域划为一个区片，区片没有规则形状，以森林小班边界为界限。区片是根据生态价格数据规律形成的，而非人为划定 | 将用途相似、地块相连、地价相近的土地加以圈围而形成的一个个区域。一个地价区段可视为一个地价"均质"区域。划分地价区段的方法通常是就土地的位置、交通、使用现状、城市规划、房地产价格水平及收益情形等做实地调查研究，将情况相同或相似的相连土地划为同一个地价区段。各地价区段之间的分界线应以道路、沟渠或其他易于辨认的界线为准 |
| 修正因子 | 保护等级、社会发展水平、经济发展水平、资源稀缺度、距河流和湖库的距离、与乡镇人口密集区距离、立地条件、群落结构完整性、森林年龄结构 | 交易情况修正、价格期日修正、土地使用年期修正、容积率修正、开发程度修正、个别因素（距商服中心距离、人流量、商业密集度、宗地情况等） |
| 适用范围 | 适用于森林资源损害生态赔偿、森林资源有偿使用、资产负债表编制、资源保护等领域 | 基准地价不是具体的收费标准，是土地使用权出让、转让、出租、抵押等宗地价格的基础 |
| 参考技术规程 | 《森林生态系统服务功能评估规范》（LY/T 1721—2008）；《城镇土地估价规程》（GB/T 18508—2014）；《森林资源资产评估技术规范》（LY/T 2407—2015） | 《城镇土地估价规程》（GB/T 18508—2014）；《城镇土地分等定级规程》（GB/T 18507—2014）等 |

## 5.2 频数分布规律

从烟台市单位面积森林生态价值数据频数分布来看,0~50 000元/公顷的小班数量为3 589个,数量占比10.32%,面积占比7.32%;50 000~100 000元/公顷的小班数量为20 981个,数量占比60.32%,面积占比57.86%;100 000~150 000元/公顷的小班数量为7638,数量占比21.96%,面积占比26.27%;150 000~200 000元/公顷的小班数量为2 154个,数量占比6.19%,面积占比7.53%;200 000~300 000元/公顷的小班数量为415个,数量占比1.20%,面积占比1.02%。

## 5.3 数据分级方法

公益林小班生态服务价值数据平均值为88 950元/(公顷·年),标准差为36 369,数据分布范围及变化较广。为了较好地分析数据分布,便于划分基准价,引用ArcGIS软件数据分类功能——"标准差法"进行数据分级,标准差分类方法用于显示要素属性值与平均值之间的差异(王红卫,2008;孙培强,2013)。ArcMap可计算平均值和标准差。将使用与标准差成比例的等值范围创建分类间隔,间隔通常为1倍、1/2倍、1/3倍或1/4倍的标准差,并使用平均值以及由平均值得出的标准差。本研究选择1倍标准差,把数据分成6级。每个基准价区间内部,如有个别值与平均值的偏差超过3倍标准差的测定值,称为高度异常的异常值。在处理数据时,剔除高度异常的异常值。

参照城镇土地估价工作中对地价幅度进行修正的方法《城镇土地估价规程》(GB/T 18508—2014)、《城市土地分等定级规程》(GB/T 18507—2014),即每个级别作为幅度修正的单元。分别计算生态基准价每个级别对应地价的最大值和最小值,以级别生态价值最大值为上限,最小值为下限,按如下公式计算各土地级别上调或下调的最大幅度。

$$上调幅度公式:F_1 = [(I_{nh} - I_{lb})/I_{lb}] \times 100\% \quad (5\text{-}1)$$

$$下调幅度公式:F_2 = [(I_{lb} - I_{nl})/I_{lb}] \times 100\% \quad (5\text{-}2)$$

式中:$F_1$——等级森林生态基准价上调最大幅度,单位(%);

$F_2$——等级森林生态基准价下调最大幅度,单位(%);

$I_{lb}$——级别森林生态基准价,单位(元/公顷);

$I_{nh}$——级别中样本或单元森林生态价值的最高值,单位(元/公顷);

$I_{nl}$——级别中样本或单元价的最低值,单位(元/公顷)。

如表 5-2 所示为森林生态基准价分级表(分 6 级)。

表 5-2　烟台市森林生态基准价分级

| 级别 | 标准差特征 | 级别低值 | 生态基准价 | 级别高值 | 频数(个) | 下调最大幅度 | 上调最大幅度 |
| --- | --- | --- | --- | --- | --- | --- | --- |
| Ⅰ | >2.5 Std. Dev. | 179 891 | 203 583 | 265 408 | 842 | 0.12 | 0.30 |
| Ⅱ | 1.5~2.5 Std. Dev. | 143 508 | 158 522 | 179 745 | 2 209 | 0.09 | 0.13 |
| Ⅲ | 0.50~1.5 Std. Dev. | 107 139 | 122 476 | 143 463 | 5 290 | 0.13 | 0.17 |
| Ⅳ | -0.50~0.50 Std. Dev. | 70 770 | 85 805 | 107 132 | 15 158 | 0.18 | 0.25 |
| Ⅴ | -1.5~-0.50 Std. Dev. | 34 450 | 55 128 | 70 758 | 10 769 | 0.38 | 0.28 |
| Ⅵ | <-1.5 Std. Dev. | 26 846 | 31 595 | 34 231 | 408 | 0.15 | 0.08 |

由公式可知，Ⅰ级森林生态基准价为 203 583 元/(公顷·年)，Ⅱ级森林生态基准价为 158 522 元/(公顷·年)，Ⅲ级森林生态基准价为 122 476 元/(公顷·年)，Ⅳ级森林生态基准价为 85 805 元/(公顷·年)，Ⅴ级森林生态基准价为元 55 128 元/(公顷·年)，Ⅵ级森林生态基准价为 31 595 元/(公顷·年)。各个基准价的调整空间如表 5-2 所示。

各基准价区间对应面积如表 5-3 所示。

表 5-3　烟台市森林生态基准价单价、面积汇总

| 等级 | 基准价[元/(公顷·年)] | 面积(公顷) | 总价值(万元) | 面积占比(%) |
| --- | --- | --- | --- | --- |
| Ⅰ | 203 583 | 4 944.9 | 100 670 | 2.35 |
| Ⅱ | 158 522 | 17 218.67 | 272 954 | 8.20 |
| Ⅲ | 122 476 | 38 627.01 | 473 088 | 18.40 |
| Ⅳ | 85 805 | 94 240.58 | 808 631 | 44.88 |
| Ⅴ | 55 128 | 53 358.38 | 294 154 | 25.41 |
| Ⅵ | 31 595 | 1595.62 | 5041 | 0.76 |
| 汇总 |  | 209 985.16 | 1 954 538 | 100.00 |

## 5.4　区片特征

(1) 森林生态基准价区片没有规则形状，面积差别较大

这与地方林业发展规划及森林小班形状、边界、位置有直接关系，如彩图 1 所示。生态价值区片的形成，本质上与森林小班的基本属性密切相关。如彩图 1 所示生态基准价区片外边界与森林小班边界重合，中间空白部分表示非森林小班，因此，基准价区片内部在地域上不是直接相连，会存在空白或者其他基准价区片。

(2) 相邻地区因为所处生态区位不同而划分不同等级基准价区片

由彩图 2 看出，海防林基干林带内侧防护林体系(黄色线内部区域)和城市内防护林体系(黄色线外部区域)，因为所处位置不同、承担的功能不同，划分成了不同区片，黄色线内部划分成了Ⅱ级和Ⅲ级区片，黄色线外部区域划分成了Ⅳ级区片。

(3) 同一个生态区位可能会存在着不同等级基准价区片

由彩图 3 看出，同是丘陵区水源涵养林带，因为森林生长现状、蓄积量、生物量、树种、龄组等方面的差别过大，造成生态服务价值差异较大，划分成了两级，不能区划为同一个区片。如彩图 3 所示，划分成了Ⅳ级区片和Ⅴ级区片。

## 5.5 划定示例

### 5.5.1 小班落界

本部分以 L 县沿海防护林基干林带 A 区域为例进行说明。如彩图 4 所示，小班边界以主干道、林间小道为边界。该区域主要树种组成是黑松林带，黑松林后是少部分果树林，区域森林小班中间夹杂着非林地(建设用地、交通用地、住宅用地等)。

A 区域公益林小班属性如表 5-4 所示，该区域主要树种为黑松，分布有国家级、省级公益林地，林种主要是防风固沙林，生态区位上属于沿海防护林基干林带和城乡防护林体系，累计公益林面积 141.33 公顷，包括 46 个零碎的森林小班，小班面积最小不到 1 亩地，最大的达到 20 余公顷。初始森林小班生态价值包括 3 个值[94 264、102 195、137 284 元/(公顷·年)]，其中 37 个小班的初始价值为 137284 元/(公顷·年)。

结合小班数据库发现，小班间树种面积、龄级、蓄积量、生态区位存在着不同程度的差异。

### 5.5.2 数据内部调整

如表 5-4 所示，各个小班在郁闭度、公顷蓄积量上有所差异，应用蓄积量—生物量公式进行价值调整，调整系数集中在 0.47~1.05 之间，分布如彩图 5 所示，大部分小班低于 1，说明大部分小班的静态生物量、生长状况要差于原测算单元。只有 9、23、38、39、44 号小班高于 1，面积占比 9.67%，说明这 5 个小班静态生物量、生长状况要优于原测算单元。调整后的价值集中在 68 952~139 887 元/(公顷·年)，跨度较大。从表 5-4 可知，1、2、3、4、5、6、10、17、31 号小班调整后价值低于 10 万元/(公顷·年)，

5 森林生态系统服务功能基准价区片划分

表 5-4 A 区域共公益林小班属性

| 编码 | 树种 | 地类 | 林种 | 森林类别 | 事权等级 | 区位 | 面积（公顷） | 覆盖度 | 立木蓄积量（立方米） | 初始价值[元/(公顷·年)] | 调整系数 | 调整后价值[元/(公顷·年)] | 基准价[元/(公顷·年)] | 基准价等级 |
|---|---|---|---|---|---|---|---|---|---|---|---|---|---|---|
| 1 | 黑松 | 乔木林 | 其他防护林 | 一般公益林 | 省级 | 城乡防护林 | 0.83 | 0.60 | 3.73 | 94 264 | 0.52 | 73 544 | 85 805 | IV |
| 2 | 黑松 | 乔木林 | 其他防护林 | 一般公益林 | 省级 | 城乡防护林 | 1.19 | 0.60 | 3.73 | 94 264 | 0.62 | 73 544 | 85 805 | IV |
| 3 | 黑松 | 乔木林 | 防风固沙林 | 重点公益林 | 国家级 | 城乡防护林 | 0.50 | 0.60 | 26.94 | 94 264 | 0.85 | 85 180 | 85 805 | IV |
| 4 | 黑松 | 乔木林 | 其他防护林 | 一般公益林 | 省级 | 城乡防护林 | 0.69 | 0.60 | 3.73 | 94 264 | 0.62 | 73 544 | 85 805 | IV |
| 5 | 黑松 | 乔木林 | 其他防护林 | 一般公益林 | 省级 | 城乡防护林 | 0.18 | 0.60 | 3.73 | 94 264 | 0.62 | 73 544 | 85 805 | IV |
| 6 | 黑松 | 乔木林 | 其他防护林 | 一般公益林 | 省级 | 沿海基干林带 | 5.16 | 0.52 | 17.4 | 137 284 | 0.75 | 123 417 | 122 476 | III |
| 7 | 黑松 | 乔木林 | 防风固沙林 | 重点公益林 | 国家级 | 沿海基干林带 | 3.36 | 0.52 | 36.17 | 137 284 | 0.92 | 132 828 | 122 476 | III |
| 8 | 黑松 | 乔木林 | 防风固沙林 | 一般公益林 | 省级 | 沿海基干林带 | 3.00 | 0.52 | 47.42 | 137 284 | 1.02 | 138 468 | 122 476 | III |
| 9 | 黑松 | 乔木林 | 防风固沙林 | 重点公益林 | 国家级 | 城乡防护林 | 0.57 | 0.13 | 0 | 94 264 | 0.59 | 71 674 | 85 805 | IV |
| 10 | 黑松 | 疏林 | 防风固沙林 | 一般公益林 | 省级 | 沿海基干林带 | 8.81 | 0.52 | 37.13 | 137 284 | 0.93 | 133 309 | 122 476 | III |
| 11 | 黑松 | 乔木林 | 防风固沙林 | 一般公益林 | 省级 | 沿海基干林带 | 0.12 | 0.52 | 18.67 | 137 284 | 0.76 | 124 054 | 122 476 | III |
| 12 | 黑松 | 乔木林 | 防风固沙林 | 重点公益林 | 国家级 | 沿海基干林带 | 9.66 | 0.52 | 27.49 | 137 284 | 0.84 | 123 476 | 122 476 | III |
| 13 | 黑松 | 乔木林 | 防风固沙林 | 重点公益林 | 国家级 | 沿海基干林带 | 0.59 | 0.52 | 26.17 | 137 284 | 0.83 | 127 814 | 122 476 | III |
| 14 | 黑松 | 乔木林 | 防风固沙林 | 重点公益林 | 国家级 | 沿海基干林带 | 3.88 | 0.52 | 40.2 | 137 284 | 0.96 | 134 848 | 122 476 | III |
| 15 | 黑松 | 乔木林 | 防风固沙林 | 重点公益林 | 国家级 | 沿海基干林带 | 1.46 | 0.52 | 37.13 | 137 284 | 0.93 | 133 309 | 122 476 | III |
| 16 | 黑松 | 乔木林 | 防风固沙林 | 一般公益林 | 省级 | 沿海基干林带 | 0.12 | 0.52 | 0 | 137 284 | 0.59 | 71 674 | 122 476 | IV |
| 17 | 黑松 | 疏林 | 防风固沙林 | 一般公益林 | 省级 | 城乡防护林 | 2.80 | 0.13 | 21.68 | 94 264 | 0.79 | 125 563 | 85 805 | IV |
| 18 | 黑松 | 乔木林 | 防风固沙林 | 重点公益林 | 国家级 | 沿海基干林带 | 1.39 | 0.52 | 37.65 | 137 284 | 0.93 | 133 570 | 122 476 | III |
| 19 | 黑松 | 乔木林 | 防风固沙林 | 重点公益林 | 国家级 | 沿海基干林带 | 1.35 | 0.52 | 20.07 | 137 284 | 0.77 | 124 756 | 122 476 | III |
| 20 | 黑松 | 乔木林 | 防风固沙林 | 重点公益林 | 国家级 | 沿海基干林带 | 4.42 | 0.52 | 28.11 | 137 284 | 0.84 | 128 787 | 122 476 | III |
| 21 | 黑松 | 乔木林 | 防风固沙林 | 重点公益林 | 国家级 | 沿海基干林带 | 1.65 | 0.52 | 37.13 | 137 284 | 0.93 | 133 309 | 122 476 | III |
| 22 | 黑松 | 乔木林 | 防风固沙林 | 一般公益林 | 省级 | 沿海基干林带 | 0.11 | 0.52 | 37.13 | 137 284 | 0.93 | 133 309 | 122 476 | III |
| 23 | 黑松 | 乔木林 | 防风固沙林 | 一般公益林 | 省级 | 沿海基干林带 | 0.73 | 0.52 | 47.64 | 137 284 | 1.02 | 138 578 | 122 476 | III |

（续）

| 编码 | 树种 | 地类 | 林种 | 森林类别 | 事权等级 | 区位 | 面积（公顷） | 覆盖度 | 立木蓄积量（立方米） | 初始价值[元/（公顷·年）] | 调整系数 | 调整后价值[元/（公顷·年）] | 基准价[元/（公顷·年）] | 基准价等级 |
|---|---|---|---|---|---|---|---|---|---|---|---|---|---|---|
| 24 | 黑松 | 疏林 | 防风固沙林 | 一般公益林 | 省级 | 沿海基干林带 | 12.81 | 0.13 | 0 | 137 284 | 0.59 | 114 694 | 122 476 | Ⅲ |
| 25 | 黑松 | 乔木林 | 防风固沙林 | 一般公益林 | 省级 | 沿海基干林带 | 0.17 | 0.52 | 37.13 | 137 284 | 0.93 | 133 309 | 122 476 | Ⅲ |
| 26 | 黑松 | 乔木林 | 防风固沙林 | 重点公益林 | 国家级 | 沿海基干林带 | 5.20 | 0.52 | 35.15 | 137 284 | 0.91 | 132 316 | 122 476 | Ⅲ |
| 27 | 黑松 | 乔木林 | 重点公益林 | 国家级 | 沿海基干林带 | | 1.60 | 0.52 | 28.46 | 137 284 | 0.85 | 128 962 | 122 476 | Ⅲ |
| 28 | 黑松 | 乔木林 | 防风固沙林 | 一般公益林 | 省级 | 沿海基干林带 | 0.16 | 0.52 | 18.67 | 137 284 | 0.76 | 124 054 | 122 476 | Ⅲ |
| 29 | 黑松 | 乔木林 | 防风固沙林 | 重点公益林 | 国家级 | 沿海基干林带 | 3.98 | 0.52 | 37.13 | 137 284 | 0.93 | 133 309 | 122 476 | Ⅲ |
| 30 | 黑松 | 乔木林 | 防风固沙林 | 重点公益林 | 国家级 | 沿海基干林带 | 4.14 | 0.52 | 24.87 | 137 284 | 0.81 | 127 162 | 122 476 | Ⅲ |
| 31 | 黑松 | 疏林 | 城乡防护林 | 一般公益林 | 省级 | 沿海基干林带 | 9.44 | 0.14 | 0 | 102 195 | 0.47 | 68 952 | 55 128 | Ⅴ |
| 32 | 黑松 | 乔木林 | 护路林 | 一般公益林 | 省级 | 沿海基干林带 | 1.20 | 0.80 | 13.4 | 137 284 | 0.71 | 121 412 | 122 476 | Ⅲ |
| 33 | 黑松 | 乔木林 | 防风固沙林 | 重点公益林 | 国家级 | 沿海基干林带 | 4.02 | 0.52 | 26.73 | 137 284 | 0.83 | 128 095 | 122 476 | Ⅲ |
| 34 | 黑松 | 乔木林 | 防风固沙林 | 重点公益林 | 国家级 | 沿海基干林带 | 2.14 | 0.52 | 33.92 | 137 284 | 0.90 | 131 700 | 122 476 | Ⅲ |
| 35 | 黑松 | 乔木林 | 防风固沙林 | 一般公益林 | 省级 | 沿海基干林带 | 2.00 | 0.52 | 18.59 | 137 284 | 0.76 | 124 014 | 122 476 | Ⅲ |
| 36 | 黑松 | 乔木林 | 防风固沙林 | 重点公益林 | 国家级 | 沿海基干林带 | 0.08 | 0.52 | 37.13 | 137 284 | 0.93 | 133 309 | 122 476 | Ⅲ |
| 37 | 黑松 | 乔木林 | 防风固沙林 | 一般公益林 | 省级 | 沿海基干林带 | 1.41 | 0.52 | 36.17 | 137 284 | 0.92 | 132 828 | 122 476 | Ⅲ |
| 38 | 黑松 | 乔木林 | 防风固沙林 | 重点公益林 | 国家级 | 沿海基干林带 | 0.32 | 0.52 | 47.42 | 137 284 | 1.02 | 138 468 | 122 476 | Ⅲ |
| 39 | 黑松 | 乔木林 | 防风固沙林 | 重点公益林 | 国家级 | 沿海基干林带 | 3.07 | 0.52 | 47.42 | 137 284 | 1.02 | 138 468 | 122 476 | Ⅲ |
| 40 | 黑松 | 乔木林 | 防风固沙林 | 一般公益林 | 省级 | 沿海基干林带 | 1.98 | 0.55 | 20 | 137 284 | 0.77 | 124 721 | 122 476 | Ⅲ |
| 41 | 黑松 | 乔木林 | 防风固沙林 | 重点公益林 | 国家级 | 沿海基干林带 | 2.69 | 0.52 | 27.61 | 137 284 | 0.84 | 128 536 | 122 476 | Ⅲ |
| 42 | 黑松 | 乔木林 | 其他防护林 | 一般公益林 | 省级 | 沿海基干林带 | 0.02 | 0.60 | 3.73 | 137 284 | 0.62 | 116 564 | 122 476 | Ⅲ |
| 43 | 黑松 | 乔木林 | 其他防护林 | 一般公益林 | 省级 | 沿海基干林带 | 0.65 | 0.40 | 13.4 | 137 284 | 0.71 | 121 412 | 122 476 | Ⅲ |
| 44 | 黑松 | 乔木林 | 防风固沙林 | 重点公益林 | 国家级 | 沿海基干林带 | 8.99 | 0.60 | 50.25 | 137 284 | 1.05 | 139 887 | 122 476 | Ⅲ |
| 45 | 黑松 | 乔木林 | 防风固沙林 | 重点公益林 | 国家级 | 沿海基干林带 | 20.71 | 0.60 | 26.94 | 137 284 | 0.83 | 128 200 | 122 476 | Ⅲ |
| 46 | 黑松 | 乔木林 | 防风固沙林 | 重点公益林 | 国家级 | 沿海基干林带 | 1.99 | 0.35 | 19.67 | 137 284 | 0.77 | 124 555 | 122 476 | Ⅲ |

面积占比20.95%，其他小班价值在10万~14万元/(公顷·年)。如彩图5所示，整体上海防林基干林带内调整后价值要高于城乡防护林区域生态服务价值，价格区间的分化与树种、蓄积量、生物量、生态区位等因素有着较大的关系。

### 5.5.3 基准价区片划定

应用本部分基准价划分方法，可得 L 县 A 区域包含 3 个等级，即Ⅲ、Ⅳ、Ⅴ级别，基准价分别为 122 476、85 805、55 128 元/(公顷·年)，具体空间分布如彩图6、彩图7所示。其中Ⅲ级基准价区域集中在海防林基干林带内部，面积为 111.72 公顷，占比 79.05%；Ⅳ、Ⅴ级基准价区域集中在海防林基干林带外部，位于城乡防护林区域内部，面积为 29.61 公顷，占比 20.95%。

## 参考文献

博文静，王莉雁，操建华，等，2017. 中国森林生态资产价值评估[J]. 生态学报，37(12)：4182-4190.

程凌云，2008. 苍山县土地定级和基准地价的研究[D]. 泰安：山东农业大学.

国家林业局，2008. 森林生态系统服务功能评估规范：LY/T 1721—2008[S]. 北京：中国标准出版社.

国家市场监督管理局，2008. 数据的统计处理和解释正态样本离群值的判断和处理：GB/T 4883—2008[S]. 北京：中国标准出版社.

国土资源部，2014. 城镇土地估价规程(GB/T18508—2014)[S]. 北京：中国标准出版社.

国土资源部土地利用管理司，2014. 城市土地分等定级规程：GB/T18507—2001[S]. 北京：中国标准出版社.

何伟，唐琴，2015. 城镇土地以价定级方法研究：以四川省南部县为例[J]. 四川师范大学学报(自然科学版)，35(5)：694-699.

李少宁，2007. 江西省暨大岗山森林生态系统服务功能价值评估[D]. 北京：中国林业科学研究院.

刘勇，2015. 重庆缙云山森林生态系统服务功能及其价值评价研究[D]. 北京：北京林业大学.

马鹏嫣，王智超，李晴，等，2018. 秦皇岛市北戴河区森林生态系统服务功能价值评估[J]. 水土保持通报，38(3)：286-292.

宋璇，2019. 基于基准地价系数修正法的 A 地块土地使用权价值评估研究[D]. 徐州：中国矿业大学.

孙培强，2013. 正确选择统计判别法剔除异常值[J]. 计量技术，(11)：71-73.

王兵，李景全，牛香，等，2017. 山东省济南市森林与湿地生态系统服务功能评估研究[M]. 北京：中国林业出版社.

王兵，任晓旭，胡文，2011. 中国森林生态系统服务功能及其价值评估[J]. 林业科学,47(2):145-153.

王红卫,白力军,2008.Excel函数经典应用实例[M].北京:清华大学出版社.

王满银,肖瑛,汪应宏,等,2011.中国基准地价评估近10年研究进展[J].华中农业大学学报(社会科学版)(6):71-75.

王伟,漆炜,陈能成,2011.顾及地价空间分布规律的城市基准地价以价定级方法研究[J].武汉大学学报,36(6):747-751.

吴群,2001.略论城市土地以价定级[J].中国人口资源与环境,11(52):15-17.

辛慧,2008.泰山森林涵养水源功能与价值评估[D].泰安:山东农业大学.

# 6 森林生态系统服务功能基准价修正体系构建

## 6.1 修正指标确定

烟台市森林生态系统服务功能价值评估包含的8项基本的生态功能指标(涵养水源、保育土壤、固碳释氧、林木积累营养物质、净化大气环境、生物多样性保护、森林游憩),是严格依据生态区位、立地条件、生物量、覆盖度等因子进行的评估,外部因素是均衡的,并没有考虑到具体评估区域的社会发展、经济发展、区位因素、资源稀缺、自然状况、植被恢复难易等情况,在面临应对生态公益林权益保护或者补偿、赔偿时,会出现评估均质化、单一化的问题,缺乏更实用、具对比性、反映区域差距的数据,导致赔偿、补偿评估得过高或者过低。因此,需要建立外部修正体系,对生态服务价值进行局部性的、可控性的调整,以体现社会发展、经济发展、区位因素、资源稀缺、自然状况等因子的作用,避免过度重视自然因素,而忽略了森林对人、对社会群体的作用。

### 6.1.1 指标筛选

借鉴过往文献和土地资源基准地价修正方式,笔者进一步完善森林生态服务价值的外部调整体系。首先采取频度分析法(靳芳,2005;李卫忠,2001;于鲁冀,2013),对国内外众多研究文献、博硕士论文中的涉及生态区位、生态补偿、生态价值修正、功能修正方面的指标进行统计分析,本着科学性、可操作性原则,选择使用频度较高的指标;同时,结合烟台市生态公益林生态系统的特征,进行分析、比较、综合,选择针对性较强的指标。在此基础上,征询有关专家意见,对指标进行筛选及调整,最终得到适合烟台市生态公益林生态服务价值的外部修正指标体系,如表6-1所示。

表 6-1　森林生态基准价外部修正指标

| 一级指标 | 二级指标 |
| --- | --- |
| 自然因素 | 立地条件 |
|  | 群落结构完整性 |
|  | 森林年龄结构 |
| 区位因素 | 距离河流、湖库距离 |
|  | 距离乡镇人口密集区 |
| 管理因素 | 保护等级 |
| 社会因素 | 社会发展水平 |
|  | 经济发展水平 |
| 资源稀缺因素 | 资源稀缺度 |

## 6.1.2　计算公式

项目中生态基准价修正指标体系表编制借鉴了《土地分等定级规程》(GB/T 18507—2014)和《土地估价规程》(GB/T 18508—2014)，按照各因素对森林生态价格的影响程度，确定各因素的权重值。生态基准价系数修正法评估待估森林生态价值的计算公式：

$$\text{待估森林生态价值} = \text{宗地所在区域的生态基准价} \times K_t \times (1 + \sum K_i) \quad (6\text{-}1)$$

式中：$K_t$——期日修正系数；

$\sum K_i$——影响生态价值的因素修正系数之和(具体包括所有二级指标：保护等级、社会发展水平、经济发展水平、资源稀缺度、距河流及湖库的距离、与乡镇人口密集区距离、立地条件、群落结构完整性、森林年龄结构)。

## 6.2　修正指标解释

### 6.2.1　自然因素

包括立地条件、森林年龄结构，反映出造林、营林、护林难度及植被的恢复难易程度。

(1) 立地条件

立地条件由气候、土壤(土壤组成、结构、物理及化学性质以及土壤有机物质等)、地形(山地、丘陵、平原、坡度、坡位、坡向等)诸因素综合形成(沈国舫，2011)，在烟台市主要考虑地形、地貌、坡度、土壤厚度因子。一般情况下坡度越大，土层越薄，土壤条件越差，造林难度加大，破坏后的修复难度越大。烟台市公益林分布区域包括低山、丘陵、平原，坡度差别较大。

森林群落结构：群落结构完整性，反映系统稳定性（徐飞，2010；张银龙，2006）。

（2）森林年龄结构

简称林龄，反映了森林生长现状及未来的生长潜力，包括幼龄林、中龄林、近熟林、成熟林、过熟林（沈国舫，2011），成熟林、近熟林相比于其他年龄段，有更加强大稳定的生产力及生态服务价值。

## 6.2.2 区位因素

包括距离河流、湖库、人口密集区的距离，反映出森林对于河流、湖库的防护及水源涵养作用，以及河流、湖库对于森林资源的生长促进作用。森林和人口密集区的作用体现为森林对人类的社会效益，包括森林旅游、降低噪音等（钱淼，2014；刘友多，2008；陈徵尼，2017）。

（1）河流

对人们生活影响较大（灌溉、饮用）、流域较广的河流、湖库。一般来说，距离河流、湖库越近，河流与森林的相互作用越明显，森林能够涵养水源和净化水质的作用愈加明显。

（2）人口密集区

城镇、工业区、居住区域。森林越接近密集区，森林对于市民的游憩娱乐、净化大气、降低噪音、改善硬伤环境作用越明显。

## 6.2.3 管理因素

目的是反映国家、地方政府及群众对森林资源的保护力度和重视程度，以及区位本身对地方生态的重要意义（刘友多，2008；杨洪国，2010）。

保护等级要综合考虑森林事权等级、保护区生态区位。级别包括国家一级公益林、国家二级公益林、省级公益林及市、县级普通公益林、国家级和省级保护区区位。不同层级保护区体现出该生态区位的重要性，对于国家和地区生态屏障的重要性。相对应的，在两种类型保护区上，对于保护资源的投入、法律法规有一定的差别。一般来说，国家级的保护区、公益林级别高于省级保护区、公益林，国家、省、市对森林的保护投入、生态补偿也有所差别。

## 6.2.4 社会因素

包括社会发展水平和经济发展水平。反映出人民群众对于生态环保意识的重视、保护意愿及地区经济发展差异、支付能力差异。

(1) 社会发展水平

广义上社会发展水平主要包括"人口发展、人民生活质量、经济发展、社会公平与协调、安全与政治进步和生态环境"等方面。社会发展水平越高，人民群众对于生态环保意识的重视、保护意愿相对越强，对于生态价值的接受能力越高（宋佳楠，2010；丁启燕，2017）。

(2) 经济发展水平

经济发展水平的常用指标有国民生产总值、国民收入、人均国民收入、经济发展速度、经济增长速度等。地方经济发展水平高，对于森林生态价格的支付能力越强。本研究采用各（县、市）区单位面积GDP水平（GDP/面积）作为评价指标（宋佳楠，2010；吴强，2017）。

### 6.2.5 资源稀缺因素

县级、乡镇级森林覆盖率与烟台市森林覆盖率之间的差异，反映森林资源的稀缺程度。目的是反映待估区域人民群众拥有森林资源的数量，以及地区之间森林资源覆盖率上的差异，人均占有森林资源越少，需求越大。一般用烟台市森林覆盖率/地方森林覆盖率表示，值越大，表示县级森林覆盖越缺乏，其森林相对生态效益的发挥作用就越大，相应的森林生态区位的重要程度就越高（粟晓玲，2006；米锋，2006）。

## 6.3 指标权重确定

采用德尔菲法、层次分析法（吕立刚，2010；王升歌，2017）对修正指标体系中一、二级指标权重进行确定。通过多轮信息反馈和信息控制作用，使分散的权重评估意见逐次收敛，最后集中在协调一致的结果上。基本程序如图6-1所示。

对各因素进行多轮次的专家打分，并按式(6-2)计算权重值：

$$W_i = E_i / 100 \tag{6-2}$$

式中：$W_i$——第$i$个因素或因子的权重；

$E_i$——第$i$个因素或因子经过多轮打分后的均值。

实施要求：①专家应是熟悉生态学领域、资产评估学领域、林学领域、社会经济发展状况等有关行业的技术、管理专家以及高层次决策者，专家总体权威程度较高，总数为10~40人；②专家打分应根据相应工作的背景材料和打分说明进行，并在不协商的情况下按表6-2的格式独立打分；③从第二轮打分起，打分应参考上一轮打分的结果进行；④打分轮次为2~3轮。

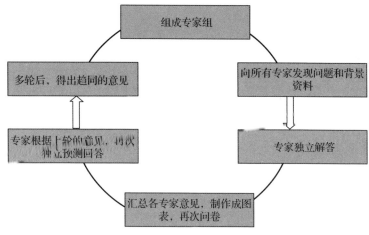

图 6-1 专家咨询法图示

## 6.3.1 第一轮打分

2020年3月，项目组邀请到国内生态学领域、资产评估学领域、林学领域、社会经济学专家20名，对森林生态基准价修正因素体系进行权重打分，以构建修正因素表。各位专家基于本职专业领域，经过认真、慎重地考虑后，形成了第一轮权重打分汇总表。指标的标准差呈现较大的差异性，标准差在5~12；同时个别指标打分存在异常值。第一轮打分结果如下：

(1) 自然因素

专家初始打分初始均值25.50分，标准差11.39，分布范围较广，75%的专家打分集中在15~30分。自然因素一级指标经过数据标准化、剔除异常值(60分)后，有效数值19个，平均值为23.68分，标准差8.40。地貌指标无异常值，地貌权重平均得分为50.5分，标准差为8.05；土壤指标无异常值，地貌权重平均得分为49.5分，标准差为8.05。

(2) 区位因素

一级指标权重均值为20.70，区位因素一级指标经过数据标准化后，无异常值，有效数值20个。二级指标也无异常值。

(3) 管理因素

一级指标，初始均值21.50分，标准差6.34，80%的专家打分集中在15~25分。管理因素一级指标经过数据标准化后、剔除异常值后，有效数值19个，平均值为20.78，标准差5.68。生态敏感点指标经过数据标准化后、剔除异常值(30分)后，有效数值17个，平均值为57.65，标准差5.72；保护等级指标经过数据标准化后、剔除异常值(70分)后，有效数值17个，平均值为42.35，标准差5.72。

**(4) 社会因素**

一级指标初始均值21.30分,标准差7.73,70%的专家打分集中在15~25分。管理因素一级指标经过数据标准化后、剔除异常值(5分)后,有效数值19个,平均值为22.11,标准差6.94。社会发展水平指标经过数据标准化后、剔除异常值(30分)后,有效数值19个,平均值为57.65,标准差5.72;经济发展水平指标经过数据标准化后、剔除异常值(70分)后,有效数值19个,平均值为49.74,标准差6.58。

**(5) 资源稀缺因素**

一级指标初始均值21.30分初始均值11.00分,标准差3.74,95%的专家打分集中在5~15分。资源稀缺因素一级指标经过数据标准化后、剔除异常值(20分)后,有效数值19个,平均值为10.53,标准差3.20。

## 6.3.2 第二轮打分

第一轮打分后,结合专家意见对修正系数表进行了个别因素适当调整,于4月初进行第二轮打分,打分后经验证已无异常值,二轮修正因素及最终权重值如表6-2所示。

表6-2 第二轮权重打分汇总

| 一级指标 | 权重(%) | 二级指标 | 备注 | 权重(%) |
| --- | --- | --- | --- | --- |
| 自然因素 | 25.6 | 立地条件 | 综合考虑地貌、坡度、土层厚度,反映营造林难度。 | 9.0 |
| | | 群落结构完整性 | 反映生态系统自身形成的稳定性。 | 8.8 |
| | | 森林年龄结构 | 反映森林可持续利用性 | 7.8 |
| 区位因素 | 20.4 | 距河流、湖库的距离 | 反映森林对河流、湖泊防护、涵养水源、保持水土作用。 | 9.2 |
| | | 与乡镇人口密集区距离 | 反映森林对人类创造良好的生活环境(森林游憩、固碳释氧、森林防护、净化空气、降噪等) | 11.2 |
| 管理因素 | 21.3 | 保护等级 | 国家一级公益林、国家二级公益林、省级公益林及市、县级公益林、保护区等生态区位情况综合反映国家、省、市、县保护力度 | 21.3 |
| 社会因素 | 21.9 | 社会发展水平 | 综合反映居民受教育情况、支付意愿、人口密度等。 | 10.5 |
| | | 经济发展水平 | 指地方单位面积GDP水平(GDP/面积),居民可支配收入等,综合反映出生态支付能力 | 11.4 |
| 资源稀缺因素 | 10.8 | 稀缺度 | 反映地方对森林资源的需求、公益林资源占比、人均资源面积 | 10.8 |
| 总计 | 100 | | | 100 |

## 6.4 修正因素分级

参照《城镇土地估价规程》(GB/T 18508—2014)，在确定上调、下调幅度的情况下，内插修正值，将修正幅度分为 5 个档次，以用于编制生态基准价修正系数表。

### 6.4.1 管理因素

管理因素反映了国家、地方政府及群众对森林资源的保护力度和重视程度，以及区位本身对地方生态的重要意义。综合考虑森林事权等级、保护区生态区位。

公益林事权等级包括国家级和省级及市、县级公益林。自然保护区分国家级和省级保护区。数据显示，烟台市公益林资源总计公益林地面积 22 万余公顷；森林及野生动物类型的保护区共计 14 处，面积达 11 万余公顷。

为了对管理因素进行科学、严谨的分级，特根据各层级林业主管部门对公益林、保护区的相关法律法规，针对定义、类型、生态区位、重要性、管理监督、审核批准、管理规定、资金投入进行总结，如表 6-3 所示。

通过对相关管理办法的梳理，可以看出不同层级保护区体现出生态区位的差异性，对于国家和地区生态屏障的重要性。相对应的，国家、省、市对森林的保护投入、生态补偿也有所差别。对于保护资源管理规定、法律法规有一定的差别。一般来说，保护区的管理、投入要高于公益林，国家级保护区高于省级保护区，国家级公益林高于省级和市、县级公益林，分级如表 6-4。

表 6-3 公益林资源相关规定统计

| 项目 | 类型 | 管理依据 | 生态区位 | 分类/分区 | 重要性 | 管理监督/审核批准层级 | 管理规定 | 资金投入 |
| --- | --- | --- | --- | --- | --- | --- | --- | --- |
| 公益林 | 国家级 | 《国家级公益林区划界定办法》和《国家级公益林管理办法》《中央财政森林生态效益补偿基金管理办法》 | 重要江河干流源头、重要江河两岸、国家级自然保护区以及列入世界遗产名录的林地（长岛昆嵛山）；沿海防护林基干林带、荒漠化和水土流失严重地、其他生态区 | 一级<br>二级 | 应当纳入国家和地方各级人民政府国民经济和社会发展规划、林地保护利用规划 | 国家林业和草原局负责国家级公益林管理的指导、协调和监督；地方各级林业主管部门负责辖区内国家级公益林的保护和管理 | 国家一级公益林原则上不得开展生产经营活动，严禁打枝、采脂、割漆、剥树皮、掘根等行为。国家二级公益林，不得任何形式的生产经营活动。集体和个人所有的国家一级公益林，以严格保护和更新为原则 | 中央财政资金 |
| | 省级 | 《山东省省级公益林区划和管理办法》《山东省森林生态效益补偿资金管理办法》 | 猪拱山地；水库周围；其他区位 | | 应当纳入地方各级人民政府国民经济和社会发展规划、林地保护利用规划 | 省自然资源厅负责省级公益林的指导、协调、监督和管理；市、县（市、区）林业主管部门负责辖区内省级公益林的保护和管理 | 严格控制勘查、开采矿藏和工程建设使用省级公益林。省级公益林在确保生态系统健康和活力不受威胁损害下，允许适度经营和更新采伐 | 省级财政资金 |
| | 地方级 | 《山东省省级公益林区划和管理办法》 | 国家级、省级以外的市、县级公益林 | | | 市、县级林业主管部门 | | 市、县级财政 |

（续）

| 项目 | 类型 | 管理依据 | 生态区位 | 分类/分区 | 重要性 | 管理监督/审核批准层级 | 管理规定 | 资金投入 |
|---|---|---|---|---|---|---|---|---|
| 保护区 | 国家级 | 《中华人民共和国自然保护区条例》 | ①典型的自然地理区域、有代表性的自然生态系统区域；②珍稀、濒危野生动植物物种的天然集中分布区域；③具有特殊保护价值的海域、海岸、岛屿、湿地、内陆水域、森林、草原和荒漠；④具有重大科学文化价值的自然遗迹；⑤经国务院或者省、自治区、直辖市人民政府批准，需要予以特殊保护的其他自然区域 | 核心区、试验区、缓冲区 | 在国内外有典型意义，在科学上有重大国际影响或者有特殊科学研究价值 | 所在省、自治区、直辖市人民政府或者国务院有关行政主管部门提出申请，由国家级保护区评审委员会评审后，由国务院环境保护行政主管部门提出审批建议，报国务院批准。国家级自然保护区，由其所在地的省、自治区、直辖市人民政府或者国务院有关行政主管部门或者国务院有关行政主管部门管理 | 核心区、缓冲区，禁止任何单位和个人进入，也不允许从事科学研究观测活动。缓冲区只准进入从事科学研究观测活动。实验区可以进入从事科学试验、教学实习、参观考察、旅游以及驯化繁殖珍稀、濒危野生动植物等活动 | 中央财政资金 |
| | 省级 | 《山东省森林和野生动物类型自然保护区管理办法》 | 除列为国家级自然保护区的外，其他具有典型意义或者有重要科学研究价值的自然保护区列为地方级自然保护区 | 核心区、试验区、缓冲区 | 在国内省内、其他具有典型意义或者其他重要科研价值 | 所在市人民政府报送省人民政府，经省评审委员会组织评审后，省人民政府审批。地方级自然保护区，由其所在地的县级以上地方人民政府有关行政主管部门管理 | 同国家级保护区规定 | 省级财政资金 |

· 77 ·

表 6-4 管理因素分级

| 分级 | 内容 | 备注 |
| --- | --- | --- |
| 1 级 | 国家级公益林和国家级保护区重叠区域 | 涵盖长岛、昆嵛山保护区 |
| 2 级 | 其他国家级公益林、保护区内省级公益林 | 涵盖海防林等重要敏感区位 |
| 3 级 | 保护区外省级公益林 | 一些重要区位(瘠薄区域、水库周围等) |
| 4 级 | 市级公益林 | 较重要护路林、护岸林 |
| 5 级 | 县级公益林 | 一般防护林、特用林 |

### 6.4.2 社会因素

社会因素是从市场角度反映生态价值，反映出人民群众对于生态环保的重视、生态补偿、赔偿支付意愿及地区经济发展水平差异、支付能力差异等。包括社会发展水平和经济发展水平。

(1) 社会发展水平

根据居民的人均可支配收入反映人民群众的支付意愿和支付能力。社会发展水平越高，人民群众对于生态环保意识的重视、保护意愿相对越强，对于生态价值的接受能力越高。评价时采用定性分析来处理。

根据《烟台市统计年鉴(2019)》，2018 年烟台市各县(市、区)人均可支配收入如表 6-5 所示。

表 6-5  2018 年烟台市人均可支配收入

| 区域 | 人均可支配收入(元) | | |
| --- | --- | --- | --- |
| | 全体 | 城镇 | 农村 |
| 芝罘区 | 47 050 | 47 050 | |
| 福山区 | 41 279 | 46 000 | 21 855 |
| 牟平区 | 31 871 | 43 631 | 20 023 |
| 莱山区 | 44 843 | 52 267 | 22 296 |
| 开发区 | 56 065 | 56 065 | |
| 高新区 | 39 915 | 45 849 | 22 181 |
| 昆嵛区 | 18 246 | | 18 246 |
| 龙口市 | 37 451 | 48 174 | 22 034 |
| 莱阳市 | 24 478 | 34 608 | 16 498 |
| 莱州市 | 31 831 | 44 632 | 20 906 |
| 蓬莱市 | 32 088 | 45 779 | 21 282 |
| 招远市 | 33 860 | 45 264 | 21 359 |
| 栖霞市 | 22 062 | 32 918 | 15 676 |
| 海阳市 | 28 728 | 43 349 | 18 809 |
| 长岛县 | 25 318 | 35 555 | 22 117 |

由于部分县(市、区)缺失城镇或农村数据,我们以全体人均可支配收入为基数,将各县(市、区)数据进行排序并制作人均可支配收入条形图(图6-2)。

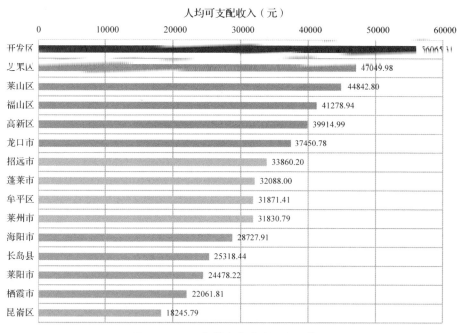

图6-2  2018年烟台市人均可支配收入

根据图6-2趋势以及各数据差值情况,对烟台市各县(市、区)进行分档,分档情况如下:

表6-6  烟台市人均可支配收入分档情况

| 分档 | 区域 | 人均可支配收入(元) |
| --- | --- | --- |
| 一档 | 开发区 | >50 000 |
| 二档 | 芝罘区、莱山区、福山区、高新区、龙口市 | 35 000~50 000 |
| 三档 | 招远市、蓬莱市、牟平区、莱州市 | 30 000~35 000 |
| 四档 | 海阳市、长岛县、莱阳市、栖霞市 | 20 000~30 000 |
| 五档 | 昆嵛区 | <20 000 |

(2)经济发展水平

常用指标有地区生产总值(GDP)、人均地区生产总值、经济发展速度、经济增长速度等,反映地区经济发展水平差异、支付能力差异等。地方经济发展水平越高,对于森林生态价格的支付能力越强。本处采用各县(市、区)地区GDP和人均地区GDP作为评价指标。

根据《烟台市统计年鉴（2019）》，2018年烟台市各县市区经济发展水平评价指标如表6-7所示。

表6-7  2018年烟台市经济发展水平评价指标

| 区域 | 地区GDP（万元） | 人均地区GDP（元） |
| --- | --- | --- |
| 芝罘区 | 5 107 836 | 116 786 |
| 福山区 | 2 966 717 | 93 706 |
| 牟平区 | 3 651 397 | 78 239 |
| 莱山区 | 2 800 923 | 88 497 |
| 开发区 | 14 846 569 | 368 310 |
| 高新区 | 299 973 | 49 419 |
| 昆嵛区 | 30 180 | 24 339 |
| 龙口市 | 12 387 748 | 178 292 |
| 莱阳市 | 3 983 454 | 4 5421 |
| 莱州市 | 8 056 357 | 91 115 |
| 蓬莱市 | 5 362 455 | 129 403 |
| 招远市 | 7 808 980 | 138 876 |
| 栖霞市 | 2 874 150 | 50 327 |
| 海阳市 | 3 416 723 | 54 729 |
| 长岛县 | 777 959 | 177 616 |

地区GDP和人均地区GDP从不同角度真实地反映了地区间经济水平的差异，将两个指标进行简单的算术加和来对各地区经济水平进行排序，并不能科学反映出各地区差异状况，不能体现出各地区相互比较后所处的地位，因此我们引入"标准分"和"T分数"来对上述指标进行转换（表6-8）。

表6-8  经济发展水平评价指标T分数

| 区域 | 地区生产总值（万元） | | | 人均地区生产总值（元） | | | T分数合计 |
| --- | --- | --- | --- | --- | --- | --- | --- |
| | 原始分 | Z标准分 | T分数 | 原始分 | Z标准分 | T分数 | |
| 开发区 | 14 846 569 | 2.33 | 73.30 | 368 310 | 3.01 | 80.10 | 153.40 |
| 龙口市 | 12 387 748 | 1.75 | 67.50 | 178 292 | 0.78 | 57.80 | 125.30 |
| 招远市 | 7 808 980 | 0.67 | 56.70 | 138 876 | 0.31 | 53.10 | 109.80 |
| 莱州市 | 8 056 357 | 0.73 | 57.30 | 91 115 | -0.25 | 47.50 | 104.80 |
| 蓬莱市 | 5 362 455 | 0.10 | 51.00 | 129 403 | 0.20 | 52.00 | 103.00 |
| 芝罘区 | 5 107 836 | 0.04 | 50.40 | 116 786 | 0.05 | 50.50 | 100.90 |
| 长岛县 | 777 959 | -0.98 | 40.20 | 177616 | 0.77 | 57.70 | 97.90 |
| 福山区 | 2 966 717 | -0.47 | 45.30 | 93 706 | -0.22 | 47.80 | 93.10 |
| 牟平区 | 3 651 397 | -0.31 | 46.90 | 78 239 | -0.40 | 46.00 | 92.90 |
| 莱山区 | 2 800 923 | -0.51 | 44.90 | 88 497 | -0.28 | 47.20 | 92.10 |
| 莱阳市 | 3 983 454 | -0.23 | 47.70 | 45421 | -0.79 | 42.10 | 89.80 |
| 海阳市 | 3 416 723 | -0.36 | 46.40 | 54729 | -0.68 | 43.20 | 89.60 |
| 栖霞市 | 2 874 150 | -0.49 | 45.10 | 50 327 | -0.73 | 42.70 | 87.80 |

(续)

| 区域 | 地区生产总值(万元) | | | 人均地区生产总值(元) | | | T分数合计 |
|---|---|---|---|---|---|---|---|
| | 原始分 | Z标准分 | T分数 | 原始分 | Z标准分 | T分数 | |
| 高新区 | 299 973 | −1.10 | 39.00 | 49 419 | −0.74 | 42.60 | 81.60 |
| 昆嵛区 | 30 180 | −1.16 | 38.40 | 24 339 | −1.04 | 39.60 | 78.00 |
| 平均分 | 4 958 095 | 0 | 50 | 112 338 | 0 | 50 | |
| 标准差 | 4 245 547 | 1 | 10 | 81 916 | 1 | 10 | |

标准分，也称"Z分数"，是一种由原始分推导出来的相对地位量数，它是用来说明原始分在所属的那批分数中的相对位置的。由于Z分数有负值，常带有小数，不易被人理解和应用，为避免小数点和负值情况，常使用T分数，即平均数为50，标准差为10的导出分数(图6-3)。

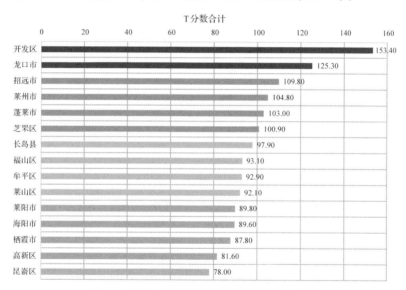

图6-3 烟台市经济发展水平评价指标T分数

根据以上条形图趋势以及各数据差值情况，对烟台市各县市区进行分档，分档情况见表6-9。

表6-9 烟台市经济发展水平评价指标分档情况一览表

| 分档 | 区域 | 经济发展水平评价指标 |
|---|---|---|
| 一档 | 开发区、龙口市 | >120 |
| 二档 | 招远市、莱州市、蓬莱市、芝罘区 | 100~110 |
| 三档 | 长岛县、福山区、牟平区、莱山区 | 90~100 |
| 四档 | 莱阳市、海阳市、栖霞市、高新区 | 80~90 |
| 五档 | 昆嵛区 | <80 |

期日修正：森林生态价值区片基准价为基准日的生态价值，随着时间的推移，相应的价值也应随着变化。本次采用消费者物价指数（$CPI$）作为期日修正系数的指标。期日修正系数公式：

$$K_t = CPI_n / CPI_m \tag{6-3}$$

式中：$K_t$——期日修正系数；

$CPI_m$——基准日的$CPI$；

$CPI_n$——评估日期的$CPI$。

### 6.4.3 资源稀缺因素

2017年度林地变更数据显示，烟台市林地面积为54万余公顷，公益林地面积为22万余公顷，占比40.69%，经济林地面积32万余公顷，占比59.31%，可见烟台市公益林地占比较少。如表6-10所示，从县级层面来看，栖霞、牟平、海阳公益林地面积较大，长岛、高新区、开发区公益林地面积较小。但就公益林地覆盖率来看，长岛、昆嵛山占比较高，均在50%以上，莱阳、莱州的覆盖率偏低。

表6-10 烟台市公益林地情况

| 统计单位 | 林地面积（公顷） | 公益林地 | | | | | | | | |
|---|---|---|---|---|---|---|---|---|---|---|
| | | 合计 | 重点公益林 | | | | | 一般公益林地 | | |
| | | | 小计 | 国家级公益林 | | | 省级公益林 | 小计 | 市级公益林 | 县级公益林 |
| | | | | 小计 | 一级 | 二级 | | | | |
| 烟台市 | 543 252.91 | 221 022.55 | 193 875.38 | 141 017.14 | 20 421.63 | 120 595.51 | 52 858.24 | 27 147.17 | 14 506.07 | 12 641.1 |
| 芝罘区 | 5 455.28 | 3 757.63 | 2 940.61 | 2 940.61 | | 2 940.61 | | 817.02 | | 817.02 |
| 福山区 | 25 347.84 | 10 684.49 | 8 916.51 | 8 916.51 | | 8 916.51 | | 1 767.98 | | 1 767.98 |
| 牟平区 | 70 486.83 | 40 522.32 | 38 773.04 | 18 641.66 | | 18 641.66 | 20 131.38 | 1 749.28 | 1 749.28 | |
| 莱山区 | 13 236.56 | 5 230.98 | 3 791.89 | 2 920.87 | | 2 920.87 | 871.02 | 1 439.09 | 1 439.09 | |
| 开发区 | 10 742.11 | 3 374.9 | 452.04 | 452.04 | | 452.04 | | 2 922.86 | | 2 922.86 |
| 高新区 | 415.11 | 348.32 | 232.46 | 168.28 | | 168.28 | 64.18 | 115.86 | 74.89 | 40.97 |
| 昆嵛区 | 11 008.77 | 9 469.61 | 9 416.42 | 9 416.42 | 8 361.83 | 1 054.59 | | 53.19 | 53.19 | |
| 长岛县 | 3 229.42 | 3 205.48 | 3 195.52 | 3 183.6 | 1 516.61 | 1 666.99 | 11.92 | 9.96 | | 9.96 |
| 龙口市 | 36 554.35 | 13 438.57 | 10 900.32 | 6 829.11 | | 6 829.11 | 4 071.21 | 2 538.25 | 2 392.85 | 145.4 |
| 莱阳市 | 35 471.08 | 6 452.97 | 5 469.47 | 5 469.47 | | 5 469.47 | | 983.5 | | 983.5 |
| 莱州市 | 36 455.86 | 19 438.67 | 18 209.22 | 11 549.43 | | 11 549.43 | 6 659.79 | 1 229.45 | | 1 229.45 |
| 蓬莱市 | 46 876.18 | 11 237.73 | 7 243.45 | 7 243.45 | | 7 243.45 | | 3 994.28 | | 3 994.28 |
| 招远市 | 48 727.98 | 21 467.31 | 18 887.65 | 12 757.89 | | 12 57.89 | 6 129.76 | 2 579.66 | 1 890.74 | 688.92 |
| 栖霞市 | 144 129.31 | 44 207.06 | 37 306.05 | 32 415.36 | 10 543.19 | 21 872.17 | 4 890.69 | 6901.01 | 6901.01 | |
| 海阳市 | 55 115.99 | 28 186.51 | 28 140.73 | 18 112.44 | | 18 112.44 | 10 028.29 | 45.78 | 5.02 | 40.76 |

依据相关文献(米锋，2006；杨洪国，2010)对森林资源稀缺(统计因子引起的敏感程度)的定义，结合本研究的实际需要，选取林业统计因子——"公益林覆盖率"来反映影响森林生态效益发挥的程度，也即统计因子引起的敏感程度。某区域的森林覆盖率的越低，说明森林资源越缺乏，其森林相对生态效益的发挥作用就越大，相应的森林生态区位的重要程度就越高，其生态区位价值系数值也就越大。相反地，某区域的森林覆盖率越高，说明森林资源越丰富，其森林相对生态效益的发挥作用就越小，相应的森林生态的重要程度就越低，其稀缺系数值也就越小。

县级、乡镇级公益林覆盖率与烟台市公益林覆盖率之间的差异，反映资源的稀缺程度。目的是反映待估区域人民群众拥有森林资源的数量，以及地区之间公益林资源覆盖差异。一般用烟台市公益林覆盖率/地方公益林覆盖率表示，值越大，表示县级、乡镇级森林覆盖越缺乏，其森林相对生态效益的发挥作用就越大，相应的森林生态区位的重要程度就越高。

我国目前的森林资源管理机构最低层级是乡镇级林业站，本项目把资源稀缺系数细化到乡镇级别，最大尺度地反映森林对于城镇人口密集区的影响，更加科学地反映待估区域对周边环境的影响，同时为了评估方便，便于明确待估区域资源权利人，假定森林只作用于公益林所在乡镇的百姓。遵循"森林覆盖率越高，资源稀缺系数($Ke$)越小；反之亦然"的原理，以烟台地区 194 个乡镇行政区划为尺度，用烟台市平均公益林覆盖率与 194 个乡科级行政单位内的公益林覆盖率进行比对，比例为烟台市域内的相对的资源稀缺，界定区域内的资源相对丰富、稀缺程度。乡镇尺度上的资源稀缺系数($Ke$)，计算公式如下，具体数据如表 6-11 所示。

$$Ke = FC/fc \qquad (6\text{-}4)$$

式中：$Ke$——资源稀缺系数；

$FC$——烟台市平均公益林覆盖率；

$fc$——各乡镇公益林森林覆盖率。

**表 6-11 烟台市乡镇—街道公益林稀缺系数**

| 县 | 乡镇 | 公益林稀缺系数 | 县 | 乡镇 | 公益林稀缺系数 | 县 | 乡镇 | 公益林稀缺系数 |
|---|---|---|---|---|---|---|---|---|
| 牟平区 | 烟台市国有昆嵛山林场(省定) | 0.15 | 芝罘区 | 毓璜顶街道办事处 | 0.76 | 栖霞市 | 官道镇 | 2.08 |
| 长岛县 | 长岛县国有长岛林场(省定) | 0.16 | 蓬莱市 | 村里集镇 | 0.79 | 海阳市 | 小纪镇 | 2.1 |
| 长岛县 | 县直孤岛 | 0.18 | 蓬莱市 | 蓬莱市国有艾山林场(省定) | 0.79 | 莱山区 | 经济开发区 | 2.14 |

(续)

| 县 | 乡镇 | 公益林稀缺系数 | 县 | 乡镇 | 公益林稀缺系数 | 县 | 乡镇 | 公益林稀缺系数 |
|---|---|---|---|---|---|---|---|---|
| 海阳市 | 丛麻禅院 | 0.18 | 莱山区 | 初家街道办事处 | 0.81 | 海阳市 | 龙山街道 | 2.2 |
| 长岛县 | 小钦岛乡 | 0.22 | 莱州市 | 郭家店镇 | 0.81 | 蓬莱市 | 北沟镇 | 2.23 |
| 长岛县 | 北隍城乡 | 0.23 | 海阳市 | 东村街道 | 0.83 | 福山区 | 清洋街道办事处 | 2.3 |
| 长岛县 | 南隍城乡 | 0.23 | 芝罘区 | 东山街道办事处 | 0.84 | 龙口市 | 诸由观镇 | 2.35 |
| 长岛县 | 砣矶镇 | 0.23 | 海阳市 | 朱吴镇 | 0.85 | 龙口市 | 龙口市国有龙口苗圃(省定) | 2.35 |
| 龙口市 | 下丁家镇 | 0.24 | 蓬莱市 | 紫荆山街道办事处 | 0.85 | 莱州市 | 三山岛街道 | 2.35 |
| 芝罘区 | 奇山街道办事处 | 0.25 | 蓬莱市 | 烈士陵园 | 0.85 | 蓬莱市 | 南王街道办事处 | 2.36 |
| 芝罘区 | 园林 | 0.25 | 福山区 | 古现 | 0.88 | 栖霞市 | 寺口镇 | 2.45 |
| 长岛县 | 大黑山乡 | 0.25 | 蓬莱市 | 大柳行镇 | 0.9 | 福山区 | 高新区 | 2.51 |
| 长岛县 | 庙岛乡 | 0.26 | 龙口市 | 芦头镇 | 0.92 | 蓬莱市 | 大辛店镇 | 2.57 |
| 牟平区 | 昆嵛镇 | 0.27 | 莱州市 | 驿道镇 | 0.92 | 栖霞市 | 观里镇 | 2.58 |
| 长岛县 | 小黑山乡 | 0.27 | 芝罘区 | 黄务街道办事处 | 0.92 | 栖霞市 | 方山蚕场 | 2.58 |
| 长岛县 | 大钦岛乡 | 0.29 | 芝罘区 | 只楚街道办事处 | 0.92 | 莱阳市 | 高格庄镇 | 2.74 |
| 长岛县 | 北长山乡 | 0.3 | 芝罘区 | 烟台市芝罘区国有芝罘苗圃(省定) | 0.92 | 牟平区 | 宁海街道 | 2.75 |
| 栖霞市 | 庙后镇 | 0.36 | 莱山区 | 莱山街道办事处 | 0.94 | 莱州市 | 永安路街道 | 2.78 |
| 招远市 | 玲珑镇 | 0.37 | 龙口市 | 七甲镇 | 0.95 | 莱州市 | 莱州市国有莱州苗圃(省定) | 2.78 |
| 招远市 | 招远市国有罗山林场(省定) | 0.37 | 蓬莱市 | 小门家镇 | 0.99 | 蓬莱市 | 潮水镇 | 2.97 |
| 芝罘区 | 芝罘岛街道办事处 | 0.38 | 莱阳市 | 河洛镇 | 0.99 | 芝罘区 | 幸福街道办事处 | 2.99 |
| 牟平区 | 玉林店镇 | 0.39 | 招远市 | 金岭镇 | 1 | 栖霞市 | 杨础镇 | 3.03 |
| 海阳市 | 方圆街道 | 0.4 | 海阳市 | 碧城工业区 | 1.01 | 蓬莱市 | 刘家沟镇 | 3.07 |
| 海阳市 | 海阳市国有招虎山林场(省定) | 0.4 | 福山区 | 高疃镇 | 1.01 | 蓬莱市 | 园艺场 | 3.07 |
| 牟平区 | 龙泉镇 | 0.42 | 福山区 | 东厅街道办事处 | 1.02 | 莱州市 | 文峰路街道 | 3.08 |
| 牟平区 | 王格庄镇 | 0.43 | 莱山区 | 院格庄街道办事处 | 1.03 | 龙口市 | 兰高镇 | 3.1 |
| 栖霞市 | 亭口镇 | 0.43 | 栖霞市 | 蛇窝泊镇 | 1.05 | 招远市 | 辛庄镇 | 3.16 |

(续)

| 县 | 乡镇 | 公益林稀缺系数 | 县 | 乡镇 | 公益林稀缺系数 | 县 | 乡镇 | 公益林稀缺系数 |
|---|---|---|---|---|---|---|---|---|
| 牟平区 | 水道镇 | 0.44 | 招远市 | 阜山镇 | 1.12 | 海阳市 | 发城镇 | 3.18 |
| 莱山区 | 黄海路街道办事处 | 0.45 | 海阳市 | 留格庄镇 | 1.17 | 栗阳市 | 城厢街道办事处 | 3.35 |
| 芝罘区 | 世回尧街道办事处 | 0.46 | 莱州市 | 金仓街道 | 1.18 | 龙口市 | 徐福街道 | 3.46 |
| 栖霞市 | 唐家泊镇 | 0.46 | 海阳市 | 徐家店镇 | 1.23 | 龙口市 | 新嘉街道 | 3.46 |
| 栖霞市 | 栖霞市国有牙山林场(省定) | 0.46 | 蓬莱市 | 蓬莱阁街道办事处 | 1.23 | 福山区 | 八角街道 | 3.55 |
| 福山区 | 回里镇 | 0.46 | 芝罘区 | 凤凰台街道办事处 | 1.24 | 芝罘区 | 向阳街道办事处 | 3.85 |
| 招远市 | 梦芝办事处 | 0.49 | 海阳市 | 郭城镇 | 1.28 | 莱州市 | 朱桥镇 | 4 |
| 莱州市 | 柞村镇 | 0.51 | 海阳市 | 南院蚕场 | 1.28 | 蓬莱市 | 登州街道办事处 | 4.23 |
| 牟平区 | 姜格庄镇 | 0.52 | 福山区 | 福莱山街道办事处 | 1.29 | 海阳市 | 辛安镇 | 4.42 |
| 牟平区 | 烟台市牟平区国有苗圃(省定) | 0.52 | 莱州市 | 程郭镇 | 1.29 | 招远市 | 泉山办事处 | 4.72 |
| 栖霞市 | 桃村镇 | 0.52 | 招远市 | 夏甸镇 | 1.31 | 莱州市 | 土山镇 | 5.43 |
| 栖霞市 | 英灵山陵园 | 0.52 | 招远市 | 齐山镇 | 1.33 | 龙口市 | 黄山馆镇 | 5.63 |
| 牟平区 | 大窑镇 | 0.52 | 莱阳市 | 山前店镇 | 1.35 | 蓬莱市 | 新港街道办事处 | 5.7 |
| 海阳市 | 盘石店镇 | 0.53 | 莱阳市 | 莱阳市国有龙门寺林场(省定) | 1.35 | 龙口市 | 龙口开发区 | 5.72 |
| 牟平区 | 观水镇 | 0.53 | 海阳市 | 旅游度假区 | 1.39 | 龙口市 | 园艺场 | 5.72 |
| 牟平区 | 烟台市牟平区国有玉泉寺林场(省定) | 0.53 | 海阳市 | 二十里店镇 | 1.41 | 龙口市 | 龙口市国有龙口林场(省定) | 5.72 |
| 牟平区 | 莒格庄镇 | 0.54 | 莱山区 | 滨海路街道办事处 | 1.49 | 龙口市 | 东莱街道 | 6.2 |
| 牟平区 | 养马岛街道 | 0.54 | 莱阳市 | 羊郡镇 | 1.5 | 莱阳市 | 柏林庄街道办事处 | 6.41 |
| 芝罘区 | 白石街道办事处 | 0.54 | 莱阳市 | 莱阳市国有羊郡林场(省定) | 1.5 | 莱州市 | 虎头崖镇 | 7.08 |
| 莱山区 | 解甲庄街道办事处 | 0.55 | 蓬莱市 | 大季家 | 1.53 | 莱阳市 | 龙旺庄街道办事处 | 8.34 |
| 福山区 | 张格庄镇 | 0.56 | 招远市 | 大秦家镇 | 1.57 | 莱阳市 | 谭格庄镇 | 8.53 |

(续)

| 县 | 乡镇 | 公益林稀缺系数 | 县 | 乡镇 | 公益林稀缺系数 | 县 | 乡镇 | 公益林稀缺系数 |
|---|---|---|---|---|---|---|---|---|
| 福山区 | 烟台市福山区国有福山林场(省定) | 0.56 | 莱阳市 | 沐浴店镇 | 1.58 | 莱州市 | 夏邱镇 | 9.39 |
| 栖霞市 | 翠屏街道 | 0.56 | 芝罘区 | 通伸街道办事处 | 1.62 | 莱阳市 | 吕格庄镇 | 16.97 |
| 长岛县 | 南长山镇 | 0.58 | 招远市 | 温泉办事处 | 1.69 | 莱阳市 | 大夼镇 | 18.9 |
| 栖霞市 | 松山街道 | 0.58 | 栖霞市 | 西城镇 | 1.72 | 莱阳市 | 姜疃镇 | 23.33 |
| 招远市 | 张星镇 | 0.6 | 海阳市 | 经济开发区 | 1.73 | 招远市 | 毕郭镇 | 26.19 |
| 牟平区 | 高陵镇 | 0.66 | 海阳市 | 核电装备工业园区 | 1.79 | 招远市 | 招远市国有招远苗圃(省定) | 26.19 |
| 牟平区 | 文化街道 | 0.67 | 招远市 | 蚕庄镇 | 1.81 | 莱州市 | 沙河镇 | 31.77 |
| 栖霞市 | 庄园街道 | 0.68 | 牟平区 | 武宁镇 | 1.83 | 莱阳市 | 古柳街道办事处 | 32.46 |
| 栖霞市 | 苏家店镇 | 0.68 | 海阳市 | 凤城街道 | 1.86 | 莱阳市 | 莱阳市国有莱阳苗圃(省定) | 32.46 |
| 龙口市 | 石良镇 | 0.68 | 莱山区 | 马山街道 | 1.94 | 莱阳市 | 冯格庄街道办事处 | 41.47 |
| 芝罘区 | 卧龙园区 | 0.7 | 莱山区 | 烟台市莱山区国有莱山苗圃(省定) | 1.94 | 莱阳市 | 万第镇 | 41.47 |
| 福山区 | 门楼镇 | 0.7 | 栖霞市 | 臧家庄镇 | 1.94 | 莱阳市 | 穴坊镇 | 74.65 |
| 招远市 | 罗峰办事处 | 0.71 | 栖霞市 | 栖霞市国有栖霞苗圃(省定) | 1.94 | 莱州市 | 平里店镇 | 124.42 |
| 龙口市 | 东江街道 | 0.73 | 海阳市 | 行村镇 | 1.97 | 莱阳市 | 团旺镇 | 135.73 |
| 栖霞市 | 经济开发区 | 0.74 | 莱州市 | 金城镇 | 1.99 | 莱阳市 | 照旺庄镇 | 135.73 |
| 莱州市 | 文昌路街道 | 0.75 | 福山区 | 福新街道办事处 | 2.04 | 莱州市 | 城港路街道 | 213.29 |
| 莱州市 | 莱州市国有大山林场(省定) | 0.75 | 龙口市 | 北马镇 | 2.07 | | | |

从表6-11可以看出，烟台市乡镇级公益林覆盖率跨度为0.07%~98.50%，资源稀缺系数跨度为0.15~213.29，幅度比较大。烟台市整体公益林森林覆盖率为14.93%，在14.93%之下的乡镇有106个，占据54.64%；在14.93%之上的乡镇街道有88个，占据45.36%。资源稀缺1级，覆盖率在0.07%~6.36%，稀缺系数大于2.3，58个乡镇街道；资源稀缺2级，覆盖率在6.48%~11.42%，稀缺系数在1.3~2.3，34个乡镇街道；资源稀缺3级，覆盖率在11.55%~18.43%，稀缺系数在0.8~1.3，

34 个乡镇街道；资源稀缺 4 级，覆盖率在 18.82%~29.23%，稀缺系数在 0.5~0.8，34 个乡镇街道；资源稀缺 5 级，覆盖率在 30.43%~98.50%，稀缺系数在 0.15~0.5，34 个乡镇街道(表 6-12)。

表 6-12 资源稀缺等级

| 1 级 | 2 级 | 3 级 | 4 级 | 5 级 |
| --- | --- | --- | --- | --- |
| 稀缺系数大于 2.3 | 稀缺系数 1.3~2.3 | 稀缺系数 0.8~1.3 | 稀缺系数 0.5~0.8 | 稀缺系数在 0.15~0.5 |

资源稀缺 1~2 级主要分布在经济发达沿海区域以及人口分布密度较大区域，该区域公益林资源匮乏；资源稀缺 3 级主要分布在人口密集且绿化密集较大的城区，该区域重视园林绿化；资源稀缺 4~5 级主要分布在森林资源禀赋好的山区、沿海基干林带，主要覆盖了国家级、省级保护区和一些重要生态区位。

### 6.4.4 距离因素

(1)距离水域

水域包括河流和水库，水域能够为人类提供赖以生存的淡水资源，森林能够起到净化水质、涵养水源、保持水土、拦蓄补水、栖息地恢复的作用，为城市水源地提供可靠生态支撑，对人类的生存起到至关重要的作用。以大沽夹河、黄水河、五龙河、界河、王河、辛安河、黄垒河和大沽河等主要河流及其上游水库湿地为例，通过推进湿地自然保护区功能恢复和湿地公园建设，采取实施拦蓄补水、栖息地恢复等措施，对生态湿地进行抢救性恢复，能够保护生物多样性，充分发挥湿地的生态功能，充分改善城市人居环境。

本研究以牟平区、蓬莱市为例进行说明。

牟平区境内大小河流、湖库 67 座，平均面积在 43 公顷以上，河流、湖库分布均匀，各个乡镇均有水域分布，河流的干流、支流交错分布，相邻水域间近处相距 2~3 千米，远的可以达 10~12 千米；蓬莱市境内小河流、湖库 40 座，平均面积在 34 公顷以上，河流、湖库分布均匀，各个乡镇均有水域分布，河流的干流、支流交错分布，相邻水域间近处相距 2~4 千米，远的可以达到 9~12 千米。

为了充分表述森林和水域间的关系，引进水域缓冲带的方法，即应用 Arcgis 软件在水域外围设置不同宽度的缓冲区间，探讨不同缓冲区内森林与河流的相对位置关系，距离越近，表示相互作用越大，距离越远，表示相互作用越小。该方法使得森林与水域之间的关系更容易量化，充分挖掘森林与河流、湖库区之间的作用关系，考虑到每个乡镇的主要河流。同时，要求每条河流或者每座水库的相邻缓冲带不能叠加，不能造成既在 A 水域又在 B 水域缓冲区的问题。经过多次制图测算，得到缓冲带的最佳宽度[①]是 0~300 米、300~600 米、600~900 米、900 米~1 200 米、大于 1 200 米。牟平区和蓬莱市水域—森林缓冲带示意图如彩图 8 所示。

森林距水域的距离分级如表 6-13 所示。

表 6-13 距离水域因素分级表

| 1 级 | 2 级 | 3 级 | 4 级 | 5 级 |
| --- | --- | --- | --- | --- |
| 300 米以内 | 300~600 米 | 600~900 米 | 900~1 200 米 | 大于 1 200 米 |

(2) 距离人口密集区

森林能够改善人居环境，居住、商业、工厂等人口密集区周围的防护林或者特种用途林的生态价值敏感度高，其森林生态区位价值比其他区域的森林生态区位价值高。再如工业密集区、排污密集区的城镇环卫林的敏感度也高，其森林生态区位价值比其他区域的森林生态区位价值相应也高。

同样，本研究以牟平区、蓬莱市为例进行说明。

如表 6-14 所示，2017 年牟平区统计年鉴显示牟平区境内 14 个乡镇街道，总人口在 44 万人以上，平均每个乡镇在 3.2 万人以上，县域中心区宁

表 6-14 牟平区、蓬莱市乡镇人口统计

| 县名 | 乡镇名 | 人口 | 县名 | 乡镇名 | 人口 |
| --- | --- | --- | --- | --- | --- |
| 牟平区 | 观水镇 | 52 705 | 蓬莱市 | 蓬莱阁街道办事处 | 17 721 |
| 牟平区 | 武宁镇 | 17 270 | 蓬莱市 | 紫荆山街道办事处 | 31 644 |
| 牟平区 | 宁海街道 | 74 669 | 蓬莱市 | 登州街道办事处 | 67 777 |
| 牟平区 | 文化街道 | 61 253 | 蓬莱市 | 新港街道办事处 | 22 515 |
| 牟平区 | 王格庄镇 | 19 281 | 蓬莱市 | 北沟镇 | 57 302 |
| 牟平区 | 养马岛街道 | 8 095 | 蓬莱市 | 南王街道办事处 | 21 699 |
| 牟平区 | 大窑镇 | 29 670 | 蓬莱市 | 刘家沟镇 | 29 508 |
| 牟平区 | 姜格庄镇 | 41 145 | 蓬莱市 | 小门家镇 | 36 041 |
| 牟平区 | 龙泉镇 | 26 618 | 蓬莱市 | 大辛店镇 | 68 192 |
| 牟平区 | 玉林店镇 | 18 220 | 蓬莱市 | 潮水镇 | 42 100 |
| 牟平区 | 水道镇 | 30 253 | 蓬莱市 | 大柳行镇 | 23 744 |
| 牟平区 | 莒格庄镇 | 18 838 | 蓬莱市 | 村里集镇 | 40 762 |
| 牟平区 | 高陵镇 | 33 456 | 蓬莱市 | 大季家 | 33 400 |
| 牟平区 | 昆嵛镇 | 12 747 | | | |

---

① 蓬莱市牟平区内河流、湖库较多，相邻水域之间的距离差别较大，距离近的有 2~3 千米，距离较远的有十几千米，综合考虑森林与河流、湖库的相互作用关系，同时相邻水域缓冲带不叠加，将该指标划分成 5 档，设置 5 个缓冲带，经多轮制图，确定每 300 米 1 个缓冲带。

海街道、文化街道人口分布较为密集,其他乡镇人口密集区主要分布在乡镇中心区,用 GIS 进行多次测距发现,相邻人口密集区的平均距离为 5 千米左右。

如表 6-14 所示,2017 年蓬莱市统计年鉴显示蓬莱市境内 13 个乡镇街道,总人口在 49 万人以上,平均每个乡镇在 3.8 万人以上,县域中心区蓬莱阁街道、紫荆山街道、登州街道人口分布较为密集,其他乡镇人口密集区主要分布在乡镇中心区,用 GIS 进行多次测距发现,相邻人口密集区的平均距离为 5 千米左右。

为充分表述森林和人口密集区间的关系,继续沿用缓冲带的方法,即应用 ArcGIS 软件在城镇人口密集区外围设置不同宽度的缓冲区间,探讨不同缓冲区内森林与人口密集区的相对位置关系,距离越近,表示相互作用越大,距离越远,表示相互作用越小。该方法使得森林与人口密集区之间的关系更容易量化,充分挖掘森林与人口密集区之间的作用关系,考虑到每个乡镇的主要人口分布区。同时,要求每条人口密集区的相邻缓冲带不要叠加,不能造成既在 A 乡镇密集区又在 B 乡镇密集区缓冲区的问题。

经过多次制图测算,得到缓冲带的最佳宽度是 0~1 000 米、1 000~1 500 米、1 500~2 000 米、2 000~2 500 米、大于 2 500 米。牟平区和蓬莱市人口密集区—森林缓冲带示意图如彩图 9 所示。

得到森林—人口密集区的距离分级如表 6-15 所示。

表 6-15 距离人口密集区因素分级

| 1 级 | 2 级 | 3 级 | 4 级 | 5 级 |
| --- | --- | --- | --- | --- |
| 1 000 米以内 | 1 000~1 500 米 | 1 500~2 000 米 | 2 000~2 500 米 | 大于 2 500 米 |

## 6.4.5 自然因素

(1) 立地条件

森林立地条件包括地形、海拔、坡度、气候、土壤、水文、交通等条件。如生长在山脊和陡坡处的森林,海拔高度高,易受季风侵蚀,阳光直射,土壤水分散失快,植物立地条件差,敏感程度相应较高,其森林生态区位价值比其他区域的森林生态区位价值高,森林植被损毁后的恢复难度越大。立地条件指标是综合因子,需要根据森林区域现状进行评分确定级别。

地形因子:平原地带,水土条件好,易于恢复、易于营造林。山脊和陡坡处,易受季风侵蚀,阳光直射,土壤水分散失快,植物立地条件差,恢复难度大,且海拔高度越高,恢复难度越大,营造林难度加大。

土层厚度：土壤条件的好坏直接影响到树木成活的难易程度。一般山顶或者陡坡区域，土层厚度偏薄，风化、沙化程度严重，导致造林成活率降低。

海拔高度：烟台市主要包括低山、丘陵、平原区，低山区域海拔较高，温度偏低，植被生长缓慢，且海拔越高，越不利于灌溉、养护，恢复越难。

地质条件：主要考虑土壤质地、腐殖质厚度、含水量因子。土壤贫瘠、土壤稳定性差，恢复难度越大，植被恢复难度系数越高。

交通条件：主要反映在营造林、海防林防灾减灾方面的便利性。交通条件越好，营造林、护林成本越低，植被恢复难度系数低，反之越高。

根据以上5个因子，制作了立地条件现地综合调查评分表，如下表6-16所示。此表格需要在现地条件下，根据实际情况填写，综合评估得分。综合评价得分＝F1+F2+F3+F4+F5（F 为各指标对应评级得分）。

表6-16 立地条件现地调查评分表

| 等级 | 地形 | 土层厚度 | 海拔高度 | 地质条件 | 交通条件 | 各级分数 | 综合评价 | |
|---|---|---|---|---|---|---|---|---|
| 1级 | 地形陡峭，坡度35度以上，极易发生水土流失 | 土层瘠薄，岩石裸露，土层厚度小于10厘米 | 450米以上 | 土壤沙化严重，无腐殖质 | 地势复杂低山区，无路到达，需步行到达 | 5 | 25分 | 很差 |
| 2级 | 26~35度间，地形较陡峭 | 土层厚度10~20厘米 | 250~450米 | 土壤肥力较低、含水量较低，腐殖质厚度<2厘米 | 低山区、丘陵交界处，需开车、步行结合 | 4 | 20~25分 | 较差 |
| 3级 | 地形较为平缓丘陵，16~25度 | 土层厚度20~40厘米 | 150~250米 | 土壤肥力中等、含水量中等，腐殖质厚度2~4.9厘米 | 乡镇周边丘陵、平原区域，有公路直达 | 3 | 15~20分 | 中 |
| 4级 | 地形平缓，6~15度 | 土层厚度40~60厘米 | 50~150米 | 土壤肥力较高、含水量较高，腐殖质厚度大于5厘米 | 市民居住区外围，城乡接合部 | 2 | 10~15分 | 较好 |
| 5级 | 平原，0~5度 | 土层厚度大于60厘米 | 小于50米 | 土壤肥沃 | 市民居住区内部 | 1 | 5~10分 | 很好 |

（2）森林群落结构完整性

森林群落是指在一定地段上，以乔木林和其他木本植物为主体，并包括该地段上所有植物、动物、微生物等生物成分所形成的有规律组合（沈国舫，2011）。

组成结构：狭义指森林群落中森林植物种类的多少，广义则包括生态系统中其他成分，除了植物之外的微生物、动物及其环境因子。在森林中，群落结构的复杂程度与组成群落的植物种类的数量密切相关，在单位面积林地上，植物种类越丰富，对环境资源的利用程度也就越高，从而具有较高的生物量、生产力和稳定性，由一个树种组成的森林叫作单纯林，由多个树种组成的森林叫作混交林（沈国舫，2011）。在发育完整的森林中，一般可以分为乔木、灌木、草本和苔藓地衣4个层次，每层按照高度分为几个亚层。

按照林相、林冠的层次，分为单层林和复层林。复层林又叫多层林，林冠可划分为两层或两层以上的林分，称为复层林。复层林可由混交林形成，如松栎混交林；也可由异龄林形成，如多次单株择伐后的林分。单层林是指把树木的树冠互相连接的林冠看作是单一层的森林。

在可操作性、科学性、可比性原则指导下，本研究在考虑指标设定时，要在评估现场确定如下因子（表6-17）。

表6-17  森林群落结构现地调查

| 等级 | 森林群落结构完整性 |
| --- | --- |
| 1级 | 乔灌草结构、混交林或者复层林 |
| 2级 | 乔灌草结构、单纯林或者单层林 |
| 3级 | 乔灌或者乔草 |
| 4级 | 乔木林 |
| 5级 | 灌木、草本 |

（3）森林年龄结构

不同树种及不同林龄的公益林，其提供的生态系统服务存在较大差异。就同一优势种的森林来说，其固碳释氧功能随着林龄的增加表现为抛物线的变化曲线；而不同优势种的森林生态系统，其水源涵养服务功能也存在明显差异（盛文萍，2019；Malinga R，2013）。管清成（2019）对长白山研究表明，过熟林的森林面积虽然较小，但是其单位面积所提供的服务功能价值量较高，仅低于成熟林单位面积所提供的服务价值，这与过熟林随着林分蓄积的增长、林冠结构、枯落物厚度及土壤结构处于相对稳定的状态有关。

刘胜涛研究表明，泰山森林生态系统不同林龄的生态服务价值以中龄林为主，过熟林的生态服务价值虽然在本研究中排在最后，但其单位面积的生态服务价值最高。在泰山森林的经营管理中，在加强对幼龄林和中龄林的保护与管理的同时，要注重对成熟林和过熟林的开发与保护，在不影响充分利用土地资源和其他植被生长的前提下，应尽可能地保留成熟林和过熟林的数量，发挥古树名木在旅游、生态以及经济效益中的作用（刘胜涛，2017）。生态公益林因其特殊的作用，保护大于开发，施行严格的管制措施，系统内稳定性好，涵养水源、保育土壤、净化空气能力强，所以成、过熟林生态服务价值较高。幼龄林、中龄林、近熟林在生长中，生产力、稳定性和多样性逐年提高，无龄组的灌木林稳定性较差。

在实际应用中需要对森林年龄结构进行评估，如表6-18所示。

表6-18 森林年龄结构现地调查

| 等级 | 森林年龄结构 |
| --- | --- |
| 1级 | 成、过熟林 |
| 2级 | 近熟林 |
| 3级 | 中龄林 |
| 4级 | 幼龄林 |
| 5级 | 无龄组的灌木林 |

### 6.4.6 修正因素说明表

综上所述，形成修正因素说明表（表6-19）。

## 6.5 生态基准价修正体系

如前所述，用频度分析法和专家咨询法确定了基本的一级指标和二级指标之后，借助德尔菲法确定了指标的权重。本研究借鉴《土地分等定级规程》（GB/T 18507—2014）和《土地估价规程》（GB/T 18508—2014），编制生态基准价修正指标体系表。

该修正指标体系表是项目体系中生态基准价修正系数表的重要内容，是在森林生态系统服务功能价值评估完成之后，基于外部因子（自然因素、区位因素、管理因素、社会因素、资源稀缺因素）的调整，以反映外部因子和森林生态的相互作用，让森林生态价格修正更实用、科学、全面。

### 6.5.1 修正公式

生态基准价系数修正法评估待估森林生态价值的计算公式：

$$待估森林生态价值 = 所在区域的生态基准价 \times K_t \times (1+\sum K_i) \quad (6-5)$$

式中：$K_t$——期日修正系数；

$\sum K_i$——影响生态价值的因素修正系数之和（具体包括所有二级指标：保护等级、社会发展水平、经济发展水平、资源稀缺度、距河流及湖库的距离、与乡镇人口密集区距离、立地条件、群落结构完整性、森林年龄结构）。

6 森林生态系统服务功能基准价修正体系构建

表 6-19 修正因素说明

| 一级指标 | 二级指标 | 二级细化 | 1级 | 2级 | 3级 | 4级 | 5级 | 备注 |
|---|---|---|---|---|---|---|---|---|
| 管理因素 | 保护等级 | 重要性分级 | 国家级公益林和国家级保护区重叠区域 | 其他国家级公益林、保护区内省级公益林 | 保护区外省级公益林 | 市级公益林 | 县级公益林 | 视待估区域小班而定 |
| 社会因素 | 社会发展水平 | 人均可支配收入（元/人） | >50 000（开发区） | 35 000~50 000（芝罘区、莱山区、福山区、高新区、龙口市） | 30 000~35 000（招远市、蓬莱市、牟平区、莱州市） | 20 000~30 000（海阳市、长岛县、莱阳市、栖霞市） | <20 000（县前区） | 以县（市、区）为单位 |
| | 经济发展水平 | 经济发展水平"T分数" | >120（开发区、龙口市） | 100~110（招远市、蓬莱市、芝罘区） | 90~100（长岛县、福山区、牟平区、莱山区） | 80~90（莱阳市、海阳市、栖霞市、高新区） | <80（县前区） | 以县（市、区）为单位 |
| 资源稀缺因素 | 资源稀缺度 | 资源稀缺系数 | >2.3 | 1.3~2.3 | 0.8~1.3 | 0.5~0.8 | 0.5~0.5 | 以乡镇为单位 |
| 区位因素 | 距河流、湖库的距离 | — | 300米以内 | 300~600米 | 600~900米 | 900~1 200米 | 大于1 200米 | 视待估区域小班而定 |
| | 与乡镇人口密集区距离 | — | 1 000米以内 | 1 000~1 500米 | 1 500~2 000米 | 2 000~2 500米 | 2 500米以外 | 视待估区域小班而定 |
| | 立地条件 | 综合地形、土层厚度、海拔、地质条件、交通条件 | 很差 | 较差 | 中 | 较好 | 很好 | 视待估区域小班而定 |
| 自然因素 | 群落结构完整性 | 森林结构 | 乔灌草结构，复层林 | 乔灌草结构，单层林 | 乔灌或乔层林 | 乔 | 灌木、草本 | 视待估区域小班而定 |
| | 森林年龄结构 | 森林年龄结构 | 成熟林、过熟林 | 近熟林 | 中龄林 | 幼龄林 | 无龄组的灌木林 | 视待估区域小班而定 |

期日修正：森林生态价值区片基准价为基准日的生态价值，随着时间的推移，相应的价值也应随着变化。本次采用消费者物价指数（CPI）作为期日修正系数的指标。期日修正系数公式：

$$K_t = CPI_n / CPI_m \tag{6-6}$$

式中：$K_t$——期日修正系数；

$CPI_m$——基准日的 $CPI$；

$CPI_n$——评估日期的 $CPI$。

### 6.5.2 各因素修正幅度的确定

根据前面确定的修正因素权重和级别生态基准价上调或下调的最大幅度值，参照城镇土地估价规程（国土资源部，2014），按照以下公式计算各影响因素的最高、最低修正幅度。

最高修正幅度公式：

$$F_{1i} = F_1 \times W_i \tag{6-7}$$

最低修正幅度公式：

$$F_{2i} = F_2 \times W_i \tag{6-8}$$

式中：$F_{1i}$——第 $i$ 个因素的最高修正幅度；

$F_{2i}$——第 $i$ 个因素的最低修正幅度；

$W_i$——第 $i$ 个影响因素的权重值；

$F_1$——等级森林生态基准价上调最大幅度；

$F_2$——等级森林生态基准价下调最大幅度。

### 6.5.3 修正系数表的编制

采用5个不同层次来确定每个影响因素的修正幅度，以生态基准价为一般水平，其修正幅度为0，在一般水平与上限价格之间，内插条件较优的修正幅度，一般为 $F_{1i}/2$，在一般水平与下限价格之间内插较劣的修正幅度，一般为 $F_{2i}/2$。以影响生态价格各因素修正幅度作为各因素影响地价的修正系数，并编制Ⅰ~Ⅵ级生态基准价区修正系数表，Ⅰ~Ⅵ级生态基准价区修正系数表如表6-20至6-25所示。

表6-20　Ⅰ级生态基准价区修正系数

| 修正指标 | 1级 | 2级 | 3级 | 4级 | 5级 |
| --- | --- | --- | --- | --- | --- |
| 保护等级 | 6.39 | 3.195 | 0 | -1.278 | -2.556 |
| 社会发展水平 | 3.15 | 1.575 | 0 | -0.63 | -1.26 |
| 经济发展水平 | 3.42 | 1.71 | 0 | -0.684 | -1.368 |
| 资源稀缺度 | 3.24 | 1.62 | 0 | -0.648 | -1.296 |

(续)

| 修正指标 | 1级 | 2级 | 3级 | 4级 | 5级 |
|---|---|---|---|---|---|
| 距河流、湖库的距离 | 2.76 | 1.38 | 0 | −0.552 | −1.104 |
| 与乡镇人口密集区距离 | 3.36 | 1.68 | 0 | −0.672 | −1.344 |
| 立地条件 | 2.7 | 1.35 | 0 | −0.54 | −1.08 |
| 群落结构完整性 | 2.64 | 1.32 | 0 | −0.528 | −1.056 |
| 森林年龄结构 | 2.34 | 1.17 | 0 | −0.468 | −0.936 |
| 合计 | 30 | 15 | 0 | −6 | −12 |

表 6-21　Ⅱ级生态基准价区修正系数

| 修正指标 | 1级 | 2级 | 3级 | 4级 | 5级 |
|---|---|---|---|---|---|
| 保护等级 | 2.769 | 1.384 5 | 0 | −0.958 5 | −1.917 |
| 社会发展水平 | 1.365 | 0.682 5 | 0 | −0.472 5 | −0.945 |
| 经济发展水平 | 1.482 | 0.741 | 0 | −0.513 | −1.026 |
| 资源稀缺度 | 1.404 | 0.702 | 0 | −0.486 | −0.972 |
| 距河流、湖库的距离 | 1.196 | 0.598 | 0 | −0.414 | −0.828 |
| 与乡镇人口密集区距离 | 1.456 | 0.728 | 0 | −0.504 | −1.008 |
| 立地条件 | 1.17 | 0.585 | 0 | −0.405 | −0.81 |
| 群落结构完整性 | 1.144 | 0.572 | 0 | −0.396 | −0.792 |
| 森林年龄结构 | 1.014 | 0.507 | 0 | −0.351 | −0.702 |
| 合计 | 13 | 6.5 | 0 | −4.5 | −9 |

表 6-22　Ⅲ级生态基准价区修正系数

| 修正指标 | 1级 | 2级 | 3级 | 4级 | 5级 |
|---|---|---|---|---|---|
| 保护等级 | 3.621 | 1.810 5 | 0 | −1.384 5 | −2.769 |
| 社会发展水平 | 1.785 | 0.892 5 | 0 | −0.682 5 | −1.365 |
| 经济发展水平 | 1.938 | 0.969 | 0 | −0.741 | −1.482 |
| 资源稀缺度 | 1.836 | 0.918 | 0 | −0.702 | −1.404 |
| 距河流、湖库的距离 | 1.564 | 0.782 | 0 | −0.598 | −1.196 |
| 与乡镇人口密集区距离 | 1.904 | 0.952 | 0 | −0.728 | −1.456 |
| 立地条件 | 1.53 | 0.765 | 0 | −0.585 | −1.17 |
| 群落结构完整性 | 1.496 | 0.748 | 0 | −0.572 | −1.144 |
| 森林年龄结构 | 1.326 | 0.663 | 0 | −0.507 | −1.014 |
| 合计 | 17 | 8.5 | 0 | −6.5 | −13 |

表 6-23　Ⅳ级生态基准价区修正系数

| 修正指标 | 1级 | 2级 | 3级 | 4级 | 5级 |
|---|---|---|---|---|---|
| 保护等级 | 5.325 | 2.662 5 | 0 | −1.917 | −3.834 |

(续)

| 修正指标 | 1级 | 2级 | 3级 | 4级 | 5级 |
|---|---|---|---|---|---|
| 社会发展水平 | 2.625 | 1.3125 | 0 | −0.945 | −1.89 |
| 经济发展水平 | 2.85 | 1.425 | 0 | −1.026 | −2.052 |
| 资源稀缺度 | 2.7 | 1.35 | 0 | −0.972 | −1.944 |
| 距河流、湖库的距离 | 2.3 | 1.15 | 0 | −0.828 | −1.656 |
| 与乡镇人口密集区距离 | 2.8 | 1.4 | 0 | −1.008 | −2.016 |
| 立地条件 | 2.25 | 1.125 | 0 | −0.81 | −1.62 |
| 群落结构完整性 | 2.2 | 1.1 | 0 | −0.792 | −1.584 |
| 森林年龄结构 | 1.95 | 0.975 | 0 | −0.702 | −1.404 |
| 合计 | 25 | 12.5 | 0 | −9 | −18 |

表 6-24　Ⅴ级生态基准价区修正系数

| 修正指标 | 1级 | 2级 | 3级 | 4级 | 5级 |
|---|---|---|---|---|---|
| 保护等级 | 5.964 | 2.982 | 0 | −4.047 | −8.094 |
| 社会发展水平 | 2.94 | 1.47 | 0 | −1.995 | −3.99 |
| 经济发展水平 | 3.192 | 1.596 | 0 | −2.166 | −4.332 |
| 资源稀缺度 | 3.024 | 1.512 | 0 | −2.052 | −4.104 |
| 距河流、湖库的距离 | 2.576 | 1.288 | 0 | −1.748 | −3.496 |
| 与乡镇人口密集区距离 | 3.136 | 1.568 | 0 | −2.128 | −4.256 |
| 立地条件 | 2.52 | 1.26 | 0 | −1.71 | −3.42 |
| 群落结构完整性 | 2.464 | 1.232 | 0 | −1.672 | −3.344 |
| 森林年龄结构 | 2.184 | 1.092 | 0 | −1.482 | −2.964 |
| 合计 | 28 | 14 | 0 | −19 | −38 |

表 6-25　Ⅵ级生态基准价区修正系数

| 修正指标 | 1级 | 2级 | 3级 | 4级 | 5级 |
|---|---|---|---|---|---|
| 保护等级 | 1.704 | 0.852 | 0 | −1.5975 | −3.195 |
| 社会发展水平 | 0.84 | 0.42 | 0 | −0.7875 | −1.575 |
| 经济发展水平 | 0.912 | 0.456 | 0 | −0.855 | −1.71 |
| 资源稀缺度 | 0.864 | 0.432 | 0 | −0.81 | −1.62 |
| 距河流、湖库的距离 | 0.736 | 0.368 | 0 | −0.69 | −1.38 |
| 与乡镇人口密集区距离 | 0.896 | 0.448 | 0 | −0.84 | −1.68 |
| 立地条件 | 0.72 | 0.36 | 0 | −0.675 | −1.35 |
| 群落结构完整性 | 0.704 | 0.352 | 0 | −0.66 | −1.32 |
| 森林年龄结构 | 0.624 | 0.312 | 0 | −0.585 | −1.17 |
| 合计 | 8 | 4 | 0 | −7.5 | −15 |

**参考文献**

阿如汗,2018. 集体建设用地基准地价体系研究——以和林格尔县为例[D]. 呼和浩特:内蒙古师范大学.

陈彬,2017. 旅游用地基准地价的研究——以泰宁县为例[D]. 福州:福建农林大学.

陈凯星,2015. 城市居民对东北重点国有林区森林生态服务支付意愿研究[D]. 哈尔滨:东北林业大学.

陈徽尼,王欣欣,仲怡铭,等,2017. 甘肃省4种不同生态区位公益林生态效益评价方法研究[J]. 林业科技通讯,6:3-8.

丁娜娜,2014. 祁连山自然保护区森林资源资产价值评估研究[D]. 兰州:兰州大学.

丁启燕,周晴雨,蒋佳宇,等,2017. 江汉平原生态系统服务价值变化解析[J]. 甘肃科学学报,29(3):37-42.

范建忠,李登科,周辉,2013. 陕西省退耕还林固碳释氧价值分析[J]. 生态学杂志,32(4):874-881.

管清成,徐丽娜,赵忠林,等,2019. 吉林省白石山林业局森林生态系统服务功能价值评估[J]. 中南林业科技大学学报,39(11):56-62.

国家环境保护总局,2003. 生态功能区划技术暂行规程[S]. 国家环境保护总局.

国家林业局,财政部,2007. 中央财政森林生态效益补偿基金管理办法[EB]. [2021-08-21]. http://www.forestry.gov.cn/main/5925/20200414/090421483085654.html.

国家林业局,财政部,2017. 国家林业和草原局官网公告:国家林业局财政部关于印发《国家级公益林区划界定办法》和《国家级公益林管理办法》的通知[EB/OL]. [2021-06-17]. http://www.forestry.gov.cn/main/4461/content-976286.html(林资发(2017)34号).

国家林业局调查规划设计院,2010. GB/T 26424—2010 森林资源规划设计调查技术规程标准[S]. 国家林业局.

国土资源部,2014. 城镇土地估价规程:GB/T 18508—2014[S]. 北京:中国标准出版社.

胡新,2014. 森林生态服务功能价值评价研究——以南平市延平区为例[D]. 福州:福建农林大学.

靳芳,鲁绍伟,余新晓,等,2005. 中国森林生态系统服务价值评估指标体系初探[J]. 中国水土保持科学,3(2):5-9.

李卫忠,郑小贤,张秋良,2001. 生态公益林建设效益评价指标体系初探[J]. 内蒙古农业大学学报:自然科学版,22(2):12-15.

李炜,2012. 大小兴安岭生态功能区建设生态补偿机制研究[D]. 哈尔滨:东北林业大学.

李炜,王玉芳,刘晓光,2012. 森林生态系统生态补偿标准研究——以伊春林管局为例[J]. 林业经济问题,32(5):427-432.

李英,陈凯星,李恒,2011. 森林生态区位价值评估初探——以龙江森工集团为例[J]. 林业经济问题,31(5):383-396.

李英,齐丹坤,2012. 小兴安岭森林生态区位重要性评价研究[J]. 林业经济问题,3

(26)：471-476.

刘倩，李葛，张超，等，2019. 基于系数修正的青龙县生态系统服务价值动态变化研究[J]. 中国生态农业学报，27(6)：971-980.

刘倩，李葛，张超，等，2019. 基于系数修正的青龙县生态系统服务价值动态变化研究[J]. 中国生态农业学报，27(6)：971-980.

刘胜涛，高鹏，刘潘伟，等，2017. 泰山森林生态系统服务功能及其价值评估[J]. 生态学报，37(10)：3302-3310.

刘友多，2008. 福建省森林生态区位重要性功能定位研究[J]. 华东森林经理，22(3)：55-60.

吕立刚，石培基，潘竟虎，等，2010. 基于AHP和特尔斐方法的工业园区土地集约利用评价[J]. 资源与产业，12(1)：64-69.

马长欣，刘建军，康博文，等，2010. 1999—2003年陕西省森林生态系统固碳释氧服务功能价值评估. 生态学报，30(6)：1412-1422.

米锋，2006. 森林资源损失计量研究——北京地区林木损失额的价值计量研究[D]. 北京：北京林业大学.

米锋，张大红，王武魁，2008. 林木生态价值损失额计量方法研究[J]. 林业经济，11：53-56.

齐丹坤，2014. 基于生态区位系数的大小兴安岭森林生态服务功能价值评估研究[D]. 哈尔滨：东北林业大学.

齐丹坤，李晓，张怀，等，2014. 基于古林法的伊春林区不同等级森林生态区位测度研究[J]. 林业经济问题，34(2)：145-148.

钱淼，马龙波，毛炎新，2014. 地域异质性森林生态恢复效益评价研究[J]. 林业经济，5：112-116.

山东省人大常委会，2018. 山东省森林和野生动物类型自然保护区管理办法[EB/OL]. [2021-9-11]. http://www.shandong.gov.cn/art/2018/4/11/art_ 92525_ 8499403. html.

山东省自然资源厅山东省财政厅，2022. 关于印发《山东省省级公益林划定和管理办法》的通知[EB/OL]. [2022-3-21]. http：//www. shandong. cn/art/2022/4/7/art_ 107851_ 118485. html.

山东省财政厅，山东省林业局，2010. 山东省森林生态效益补偿基金管理办法[EB/OL]. [2022-7-21]. https：//baike. so. com/doc/3654079-3840685. html.

沈国舫，2011. 森林培育学[M]. 北京：中国林业出版社.

盛文萍，甄霖，肖玉，2019. 差异化的生态公益林生态补偿标准—以北京市为例[J]. 生态学报，39(1)：45-52.

宋佳楠，梅建屏，金晓斌，等，2010. 基于协调系数修正的区域生态系统服务价值测算研究[J]. 地理与地理信息科学，26(1)：86-89.

粟晓玲，康绍忠，佟玲，2006. 内陆河流域生态系统服务价值的动态估算方法与应用-以甘肃河西走廊石羊河流域为例[J]. 生态学报，26(6)：2011-2019.

粟晓玲，康绍忠，佟玲，2006. 内陆河流域生态系统服务价值的动态估算方法与应用——以甘肃河西走廊石羊河流域为例[J]. 生态学报，26(6)：2011-2019.

汤旭，冯彦，鲁莎莎，等，2018. 基于生态区位系数的湖北省森林生态安全评价及重心演变分析[J]. 生态学报，38(3)：886-899.

唐秀美，陈百明，路庆斌，等，2010. 生态系统服务价值的生态区位修正方法-以北京市为例[J]. 生态学报，30(13)：3526-3535.

田增刚，2009. 山东省土壤侵蚀敏感性分区评价及措施配置研究[D]. 泰安：山东农业大学.

王百田，2009. 基于多重分析的山东省水土保持生态功能区划研究[D]. 北京：北京林业大学.

王升歌；宋凤；高宜生，等，2017. 基于特尔斐法的海草房传统村落活力研究[J]. 山东建筑大学学报，32(6)：551-559.

吴岚，2007. 水土保持生态服务功能及其价值研究[D]. 北京：北京林业大学.

吴强，张合平，2017. 森林生态补偿标准体系研究[J]. 中南林业科技大学学报，37(9)：99-103，117.

徐飞，刘为华，任文玲，等，2010. 上海城市森林群落结构对固碳能力的影响[J]. 生态学杂志，29(3)：439-447.

杨洪国，2010. 国家重点生态公益林生态补偿标准调整系数的研究[D]. 北京：中国林业科学研究院.

于鲁冀，吕晓燕，宋思远，等，2013. 河流水生态修复阈值界定指标体系初步构建[J]. 生态环境学报，22(1)：170-175.

张银龙，王月菡，王亚超，等，2006. 南京市典型森林群落枯枝落叶层的生态功能研究[J]. 生态与农村环境学报，22(1)：11-14.

张瑜，2018. 黄土高原生态系统服务价值动态评估及其变化研究[D]. 北京：中国科学院大学.

赵海凤，刘川源，鲁莎莎，等，2015. 基于区位模型的四川森林生态服务价值核算研究[J]. 河南农业大学学报，49(6)：831-837.

郑景明，姜凤岐，曾德慧，2003. 长白山阔叶红松林生态价位分级与生态系统经营对策[J]. 应用生态学报，14(6)：839-844.

中华人民共和国中央人民政府，2020. 中华人民共和国自然保护区条例[EB/OL]. [2022-3-25]. http://www.gov.cn/zhengce/2020-12/26/content_ 5575048.htm.

Malinga R, Gordon L J, Lindborg R, et al, 2013. Using participatory scenario planning to identify ecosystem services in changing landscapes. Ecology and Society, 18(4)：10.

# 7 森林生态系统服务功能基准价应用案例

## 7.1 案例描述及目的

2017年4月，烟台市A区B镇1~7号森林小班区域公益林地发生山林火灾，过火面积82.09公顷(1 231.35亩)，烧毁赤松112 497株，蓄积量523.19立方米，造成巨大直接经济损失，同时给地方森林生态系统造成了严重破坏，如彩图10、彩图11所示。

根据中共中央、国务院办公厅《生态环境损害赔偿制度改革试点方案》《烟台市生态环境损害赔偿制度改革实施方案(试行)》规定，生态环境损害赔偿范围包括了生态环境修复期间服务功能的损失及资产损失。项目组为验证森林生态服务功能基准价体系的实用性，结合此次案例，进行生态服务功能评估及基准价体系应用，测算该小班于2020年1月的生态服务功能价值。

## 7.2 估价依据及标准

估价依据及标准主要有以下内容：《森林生态系统服务功能评估规范》(LY/T 1721—2008)、《森林资源规划设计调查技术规程》(GBT 26424—2010)、《森林资源资产评估技术规范》(LY/T 2407—2015)、《烟台市森林生态服务功能基础评估报告》、《烟台市生态环境损害赔偿制度改革实施方案(试行)》、《生态环境损害赔偿制度改革试点方案》。

## 7.3 估价过程

### 7.3.1 基准价分级

基于烟台市2017年林地"一张图"数据进行基础生态服务功能评估，

经过数据调整、基准价区片划分、生态基准价修正体系建立，得到烟台市森林生态基准价分级表(表7-1)。

表7-1 森林生态基准价分级

| 级别 | 基准价[元/(公顷·年)] | 下调幅度 | 上调幅度 |
|---|---|---|---|
| I | 203 583 | 0.12 | 0.3 |
| II | 158 522 | 0.09 | 0.13 |
| III | 122 476 | 0.13 | 0.17 |
| IV | 85 805 | 0.18 | 0.25 |
| V | 55 128 | 0.38 | 0.28 |
| VI | 31 595 | 0.15 | 0.08 |

### 7.3.2 待估区域小班基准价

应用ArcGIS软件，把7个小班的矢量边界叠加到森林生态系统服务基础数据库上，得到7个过火森林小班的面积、基准价级别及价格如表7-2所示。

表7-2 过火森林小班基准价级别及价格表

| 小班号 | 面积(公顷) | 基准价级别 | 基准价[元/(公顷·年)] |
|---|---|---|---|
| 1 | 9.68 | IV | 85 805 |
| 2 | 8.3 | IV | 85 805 |
| 3 | 20.28 | V | 55 128 |
| 4 | 12.75 | V | 55 128 |
| 5 | 15.72 | V | 55 128 |
| 6 | 4.7 | V | 55 128 |
| 7 | 10.66 | V | 55 128 |

根据森林生态基准价分级图，待估区域小班位于IV、V级地范围内。其中1~2号小班为IV级基准价，森林生态基准价为85 805元/公顷；3~7为V级基准价，森林生态基准价为55 128元/公顷。其分布如彩图12所示，可见过火区域森林距离乡镇人口密集区较近，且有河流分布。

### 7.3.3 修正因素

森林生态服务功能基准价体系中修正因素包括保护等级、社会发展水平、经济发展水平、资源稀缺度、河流、湖库距离、乡镇人口密集区距离、立地条件、群落结构完整性、森林年龄结构，具体如表7-3所示。

表 7-3 修正因素说明

| 一级指标 | 二级指标 | 二级细化 | 1级 | 2级 | 3级 | 4级 | 5级 | 备注 |
|---|---|---|---|---|---|---|---|---|
| 管理因素 | 保护等级 | 重要性分级 | 国家级公益林和国家级保护区重叠区域 | 其他国家级公益林、保护区内省级公益林 | 保护区外省级公益林 | 市级公益林 | 县级公益林 | 视待估区域小班而定 |
| 社会因素 | 社会发展水平 | 人均可支配收入（元/人） | >50 000 | 35 000~50 000 | 30 000~35 000 | 20 000~30 000 | <20 000 | 以县（市、区）为单位 |
| | 经济发展水平 | 经济发展水平"分数" | >120 | 100~110 | 90~100 | 80~90 | <80 | 以县（市、区）为单位 |
| 资源稀缺因素 | 资源稀缺度 | 资源稀缺系数 | >2.3 | 1.3~2.3 | 0.8~1.3 | 0.5~0.8 | 0.15~0.5 | 以乡镇为单位 |
| 区位因素 | 距河流、湖库的距离 | — | 300米以内 | 300~600 | 600~900 | 900~1200 | 大于1 200 | 视待估区域小班而定 |
| | 与乡镇人口密集区距离 | — | 1 000米以内 | 1 000~1 500米 | 1 500~2 000米 | 2 000~2 500米 | 2 500以外米 | 视待估区域小班而定 |
| | 立地条件 | 综合地形、土层厚度、海拔、地质条件、交通条件 | 很差 | 较差 | 中 | 较好 | 很好 | 视待估区域小班而定 |
| 自然因素 | 群落结构完整性 | 森林结构 | 乔灌草结构、复层林 | 乔灌草结构、单层林 | 乔灌或者乔草 | 乔 | 灌木、草本 | 视待估区域小班而定 |
| | 森林年龄结构 | — | 成、过熟林 | 近熟林 | 中龄林 | 幼龄林 | 无龄组灌木林 | 视待估区域小班而定 |

结合森林生态基准价修正体系成果，得出Ⅳ、Ⅴ级生态基准价区修正系数，如表7-4、7-5所示。

表7-4　Ⅳ级生态基准价区修正系数

| 修正指标 | 1级 | 2级 | 3级 | 4级 | 5级 |
| --- | --- | --- | --- | --- | --- |
| 保护等级 | 5.325 | 2.6625 | 0 | −1.917 | −3.834 |
| 社会发展水平 | 2.625 | 1.3125 | 0 | −0.945 | −1.89 |
| 经济发展水平 | 2.85 | 1.425 | 0 | −1.026 | −2.052 |
| 资源稀缺度 | 2.7 | 1.35 | 0 | −0.972 | −1.944 |
| 距河流、湖库的距离 | 2.3 | 1.15 | 0 | −0.828 | −1.656 |
| 与乡镇人口密集区距离 | 2.8 | 1.4 | 0 | −1.008 | −2.016 |
| 立地条件 | 2.25 | 1.125 | 0 | −0.81 | −1.62 |
| 群落结构完整性 | 2.2 | 1.1 | 0 | −0.792 | −1.584 |
| 森林年龄结构 | 1.95 | 0.975 | 0 | −0.702 | −1.404 |
| 合计 | 25 | 12.5 | 0 | −9 | −18 |

表7-5　Ⅴ级生态基准价区修正系数

| 修正指标 | 1级 | 2级 | 3级 | 4级 | 5级 |
| --- | --- | --- | --- | --- | --- |
| 保护等级 | 5.964 | 2.982 | 0 | −4.047 | −8.094 |
| 社会发展水平 | 2.94 | 1.47 | 0 | −1.995 | −3.99 |
| 经济发展水平 | 3.192 | 1.596 | 0 | −2.166 | −4.332 |
| 资源稀缺度 | 3.024 | 1.512 | 0 | −2.052 | −4.104 |
| 距河流、湖库的距离 | 2.576 | 1.288 | 0 | −1.748 | −3.496 |
| 与乡镇人口密集区距离 | 3.136 | 1.568 | 0 | −2.128 | −4.256 |
| 立地条件 | 2.52 | 1.26 | 0 | −1.71 | −3.42 |
| 群落结构完整性 | 2.464 | 1.232 | 0 | −1.672 | −3.344 |
| 森林年龄结构 | 2.184 | 1.092 | 0 | −1.482 | −2.964 |
| 合计 | 28 | 14 | 0 | −19 | −38 |

### 7.3.4　评估公式

森林生态服务功能价格的计算公式为：

$$待估森林生态价格 = 宗地所在区域的生态基准价 \times K_t \times (1 + \sum K_i) \quad (7\text{-}1)$$

式中：$K_t$——期日修正系数；

$\sum K_i$——影响生态价值的因素修正系数之和（具体包括所有二级指标：保护等级、社会发展水平、经济发展水平、资源稀缺度、距河流和湖库的距离、与乡镇人口密集区距离、立地条件、群落结构完整性、森林年龄结构）

## 7.3.5 期日修正系数（$K_t$）

森林生态价值区片基准价为基准日(2018年1月1日)的生态价值，随着时间的推移，相应的价值也应随着变化。本次评估基准日为2020年1月，我们采用两个基准日对应的居民消费价格指数($CPI$)作为期日修正系数的指标。期日修正系数公式：

$$K_t = CPI_n \div CPI_m \tag{7-2}$$

式中：$K_t$——期日修正系数；

$CPI_m$——森林生态价值区片价基准日的$CPI$；

$CPI_n$——评估基准日的$CPI$。

森林生态价值区片基准价基准日为2018年1月1日，对应数据为2017年度；评估基准日为2020年1月，对应数据为2019年度。

根据烟台市统计局公布统计年报，以2017年为基数100，2018年全年居民消费价格比2017年上涨2.1%，2019年全年居民消费价格比2018年上涨3%，即2019年为105.17。代入式中可得出：

$$K_t = CPI_n \div CPI_m = 105.17 \div 100 = 1.0517$$

## 7.3.6 确定各因素修正系数

(1) 保护等级($K_1$)

综合考虑森林事权等级、保护区生态区位。不同层级保护区体现出该生态区位的重要性，对于国家和地区生态屏障的重要性。相对应的，在各种类型保护区上，对于保护资源的投入、法律法规有一定的差别，国家、省、市对森林的保护投入、生态补偿也有所差别。

根据保护区和公益林区划图叠加可知，待估区域小班属于保护区外省级公益林，重要程度均属于3级，结合森林生态服务功能基准价修正系数表可知，各小班的修正系数如下表7-6所示。

表7-6 过火小班保护等级修正系数

| 小班号 | 基准价级别 | 保护等级 | 等级 | 修正系数 |
|---|---|---|---|---|
| 1 | Ⅳ | 保护区外省级公益林 | 3级 | 0 |
| 2 | Ⅳ | 保护区外省级公益林 | 3级 | 0 |
| 3 | Ⅴ | 保护区外省级公益林 | 3级 | 0 |
| 4 | Ⅴ | 保护区外省级公益林 | 3级 | 0 |
| 5 | Ⅴ | 保护区外省级公益林 | 3级 | 0 |
| 6 | Ⅴ | 保护区外省级公益林 | 3级 | 0 |
| 7 | Ⅴ | 保护区外省级公益林 | 3级 | 0 |

(2)社会发展水平($K_2$)

根据居民的人均可支配收入反映人民群众的支付意愿和支付能力。社会发展水平越高,人民群众对于生态环保意识的重视、保护意愿相对越强,对于生态价值的接受能力越高。

待估区域小班位于 A 区,根据《2019 年烟台市统计年鉴》可知,A 区人均可支配收入为 31 871 元,根据森林生态服务功能基准价体系修正说明表,属于 3 级,修正系数 $K_2=0$。

(3)经济发展水平($K_3$)

采用各县(市、区)地区 GDP 和人均地区 GDP 作为评价指标,以两个指标的"T 分数"反映地区经济发展水平差异、支付能力差异等。地方经济发展水平越高,对于森林生态价格的支付能力越强。

待估区域小班位于 A 区,应用《2019 年烟台市统计年鉴》分析该区"T 分数"为 92.90,根据森林生态服务功能基准价体系修正说明表,属于 3 档,修正系数 $K_3=0$。

(4)资源稀缺度($K_4$)

县级、乡镇级森林覆盖率与烟台市森林覆盖率之间的差异,反映森林资源的稀缺程度。目的是反映待估区域人民群众拥有森林资源的数量,以及地区之间森林资源覆盖率上的差异,人均占有森林资源越少,需求越大。一般用烟台市森林覆盖率/地方森林覆盖率表示,值越大,表示县级森林覆盖越缺乏,其森林相对生态效益的发挥作用就越大,相应的森林生态区位的重要程度就越高。

经过统计分析该乡镇的森林覆盖率可知,过火区域资源稀缺系数为0.45,稀缺级别为 5 级。结合Ⅳ、Ⅴ级森林生态服务功能基准价修正系数表可知,过火小班的资源稀缺修正系数如表 7-7 所示。

表 7-7 过火小班资源稀缺修正系数

| 小班号 | 基准价级别 | 资源稀缺系数 | 等级 | 修正系数 |
| --- | --- | --- | --- | --- |
| 1 | Ⅳ | 0.43 | 5 级 | −1.944 |
| 2 | Ⅳ | 0.43 | 5 级 | −1.944 |
| 3 | Ⅴ | 0.43 | 5 级 | −4.104 |
| 4 | Ⅴ | 0.43 | 5 级 | −4.104 |
| 5 | Ⅴ | 0.43 | 5 级 | −4.104 |
| 6 | Ⅴ | 0.43 | 5 级 | −4.104 |
| 7 | Ⅴ | 0.43 | 5 级 | −4.104 |

(5)距离河流、湖库距离($K_5$)

该因素反映出森林对于河流、湖库的防护及水源涵养作用,及河流、湖库对于森林资源的生长促进作用。一般来说,距离河流、湖库越近,相互作用越大,森林能够涵养水源和净化水质的作用愈加明显。

过火区域河流和湖库的缓冲带示意图如彩图13所示。

用 GIS 叠加小班矢量图和水域矢量图,经测量,过火小班距离乡镇水库和主要河流的距离在 0~1200 米之内,该区域森林对于水域有明显的水源涵养作用,各个小班距离水域的距离及修正系数如表7-8所示。

表7-8 过火小班资源水域距离修正系数

| 小班号 | 基准价级别 | 距离水域 | 等级 | 修正系数 |
| --- | --- | --- | --- | --- |
| 1 | IV | 600~900 米 | 3 级 | 0 |
| 2 | IV | 300~600 米 | 2 级 | 1.15 |
| 3 | V | 600~900 米 | 3 级 | 0 |
| 4 | V | 600~900 米 | 3 级 | 0 |
| 5 | V | 300~600 米 | 2 级 | 1.288 |
| 6 | V | 900~1200 米 | 4 级 | -1.748 |
| 7 | V | 300~600 米 | 2 级 | 1.288 |

(6)距离乡镇人口密集区($K_6$)

该因素体现为森林对人类的社会效益,包括森林旅游、降低噪音等。森林越接近人口密集区,对于市民的游憩娱乐、净化大气、降低噪音、改善营商环境作用越明显。

过火区域城镇人口密集区缓冲带示意图如彩图14所示。

用 GIS 叠加小班矢量图和城镇人口密集区矢量图,经测量,各个小班距离城镇人口密集区的距离及修正系数如表7-9所示,过火区域小班在乡镇人口密集区外围1500米之内,该区域对乡镇生态环境有极其重要影响。

表7-9 过火小班资源人口密集区距离修正系数

| 小班号 | 基准价级别 | 距离人口 | 等级 | 修正系数 |
| --- | --- | --- | --- | --- |
| 1 | IV | 1 000~1 500 米 | 2 级 | 1.4 |
| 2 | IV | 1 000~1 500 米 | 2 级 | 1.4 |
| 3 | V | 0~1 000 米 | 1 级 | 3.136 |
| 4 | V | 1 000~1 500 米 | 2 级 | 1.568 |
| 5 | V | 1 000~1 500 米 | 2 级 | 1.568 |
| 6 | V | 1 000~1 500 米 | 2 级 | 1.568 |
| 7 | V | 0~1 000 米 | 1 级 | 3.136 |

(7) 立地条件($K_7$)

立地条件由气候、土壤(土壤组成、结构、物理及化学性质以及土壤有机物质等)、地形(山地、丘陵、平原、坡度、坡位、坡向等)诸因素综合形成,在烟台市主要考虑地形、地貌、坡度、土壤厚度因子。一般情况下坡度越大,土层越薄,土壤条件越差,造林难度加大,破坏后的修复难度越大。烟台市公益林分布区域包括低山、丘陵、平原,坡度、地形差别较大。

如彩图 15 所示,把过火小班地形图和小班边界进行叠加,发现过火区域位于山脊线两侧,坡度较大,高程线密集,地形复杂,海拔高程在 100~300 米之间,落差较大。经实地调查,该区域大部分地形陡峭,坡度 35 度以上,极易发生水土流失。

如彩图 16 所示,把过火小班周围道路分布图和小班边界进行叠加,发现过火区域周边有乡镇公路和乡村路、步行道分布,但过火区域中心仍然没有道路分布,需要步行到达。

如彩图 17、彩图 18 所示,过火区域小班土壤、地质条件较差,土层偏薄,砂石含量高,有的区域土壤表层岩石裸露,有的小班土壤条件较好,有浅层腐殖质覆盖。

经过现场勘测,过火区域小班具体的立地条件因素如表 7-10 所示。

表 7-10 立地条件调查

| 小班号 | 地形 | 土层厚度 | 海拔高度 | 地质条件 | 交通条件 |
| --- | --- | --- | --- | --- | --- |
| 1 | 26~35 度,地形较陡峭 | 土层瘠薄,岩石裸露,土层厚度小于 10 厘米 | 130~240 米 | 土壤肥力较低、含水量较低,腐殖质厚度<2 厘米 | 低山区、丘陵区交界处,需开车、步行结合 |
| 2 | 地形陡峭,坡度 35 度以上,极易发生水土流失 | 土层瘠薄,岩石裸露,土层厚度小于 10 厘米 | 140~220 米 | 土壤肥力较低、含水量较低,腐殖质厚度<2 厘米 | 低山区、丘陵区交界处,需开车、步行结合 |
| 3 | 地形陡峭,坡度 35 度以上,极易发生水土流失 | 土层瘠薄,岩石裸露,土层厚度小于 10 厘米 | 200~290 米 | 土壤肥力较低、含水量较低,腐殖质厚度<2 厘米 | 低山区、丘陵区交界处,需开车、步行结合 |
| 4 | 地形陡峭,坡度 35 度以上,极易发生水土流失 | 土层瘠薄,岩石裸露,土层厚度小于 10 厘米 | 150~250 米 | 土壤肥力较低、含水量较低,腐殖质厚度<2 厘米 | 低山区、丘陵区交界处,需开车、步行结合 |
| 5 | 地形陡峭,坡度 35 度以上,极易发生水土流失 | 土层瘠薄,岩石裸露,土层厚度小于 10 厘米 | 130~210 米 | 土壤肥力较低、含水量较低,腐殖质厚度<2 厘米 | 低山区、丘陵区交界处,需开车、步行结合 |

(续)

| 小班号 | 地形 | 土层厚度 | 海拔高度 | 地质条件 | 交通条件 |
|---|---|---|---|---|---|
| 6 | 地形较为平缓丘陵，16~25度 | 土层厚度10~20厘米 | 150~210米 | 土壤肥力较低，含水量较低，腐殖质厚度<2厘米 | 低山区、丘陵区交界处，需开车、步行结合 |
| 7 | 26~35度，地形较陡峭 | 土层瘠薄，岩石裸露，土层厚度小于10厘米 | 160~250米 | 土壤肥力较低，含水量较低，腐殖质厚度<2厘米 | 低山区、丘陵区交界处，需开车、步行结合 |

结合Ⅳ、Ⅴ级森林生态服务功能基准价修正系数表可知，过火小班的立地条件各因子得分及修正系数如表7-11所示。

表7-11 立地条件修正系数

| 小班号 | 基准价级别 | 地形 | | 土层厚度 | | 海拔高度 | | 地质条件 | | 交通条件 | | 得分 | 等级 | 修正系数 |
|---|---|---|---|---|---|---|---|---|---|---|---|---|---|---|
| | | 等级 | 得分 | 等级 | 得分 | 等级 | 得分 | 等级 | 得分 | 等级 | 得分 | | | |
| 1 | Ⅳ | 2 | 4 | 1 | 5 | 3 | 3 | 2 | 4 | 2 | 4 | 20 | 2 | 1.125 |
| 2 | Ⅳ | 1 | 5 | 1 | 5 | 3 | 3 | 2 | 4 | 2 | 4 | 21 | 2 | 1.125 |
| 3 | Ⅴ | 1 | 5 | 1 | 5 | 2 | 4 | 2 | 4 | 2 | 4 | 22 | 2 | 1.26 |
| 4 | Ⅴ | 1 | 5 | 1 | 5 | 3 | 3 | 2 | 4 | 2 | 4 | 21 | 2 | 1.26 |
| 5 | Ⅴ | 1 | 5 | 1 | 5 | 3 | 3 | 2 | 4 | 2 | 4 | 21 | 2 | 1.26 |
| 6 | Ⅴ | 3 | 2 | 2 | 4 | 3 | 3 | 2 | 4 | 2 | 4 | 18 | 2 | 1.26 |
| 7 | Ⅴ | 2 | 4 | 1 | 5 | 3 | 3 | 2 | 4 | 2 | 4 | 20 | 2 | 1.26 |

（8）群落结构完整性（$K_8$）

分为乔灌草结构、复层林，乔灌草结构、单层林，乔灌或者乔草，乔，灌木，草本5种，反映森林系统的稳定性。

如彩图19、彩图20所示，经勘察，过火小班区域森林群落结构呈现多样性，有的乔灌草、混交林资源丰富，有的小班只有简单的赤松林和低矮草丛。

结合小班资料及现场勘察，各个过火小班的群落结构及修正系数如表7-12所示。

（9）森林年龄结构（$K_9$）

简称林龄，反映了森林生长现状及未来的生长潜力，包括成熟林、近熟林、中龄林、幼龄林、过熟林，成熟林、过熟林相比于其他年龄段，有更加强大稳定的生产力及生态服务价值。

表 7-12　过火区域森林群落结构修正系数

| 小班号 | 基准价级别 | 群落结构 | 等级 | 修正系数 |
| --- | --- | --- | --- | --- |
| 1 | Ⅳ | 乔木林 | 4 | -0.792 |
| 2 | Ⅳ | 乔灌或者乔草 | 3 | 0 |
| 3 | Ⅴ | 乔灌草、混交林 | 1 | 2.464 |
| 4 | Ⅴ | 乔木林 | 4 | -1.672 |
| 5 | Ⅴ | 乔灌或者乔草 | 3 | 0 |
| 6 | Ⅴ | 乔灌草、单纯林 | 2 | 1.232 |
| 7 | Ⅴ | 乔灌草、混交林 | 1 | 2.464 |

评估人员经查阅森林经营资料、现场查勘，待估区域小班均包括成熟林和幼龄林两类。根据森林生态服务功能修正因素表，该区域小班年龄结构属于1或者4级，修正系数具体如表7-13所示。

表 7-13　过火区域小班年龄结构修正系数

| 小班号 | 基准价级别 | 年龄结构 | 等级 | 修正系数 |
| --- | --- | --- | --- | --- |
| 1 | Ⅳ | 幼龄林 | 4 | -0.702 |
| 2 | Ⅳ | 幼龄林 | 4 | -0.702 |
| 3 | Ⅴ | 成熟林 | 1 | 2.184 |
| 4 | Ⅴ | 幼龄林 | 4 | -1.482 |
| 5 | Ⅴ | 幼龄林 | 4 | -1.482 |
| 6 | Ⅴ | 幼龄林 | 4 | -1.482 |
| 7 | Ⅴ | 成熟林 | 1 | 2.184 |

（10）生态价值的因素修正系数之和（$\sum K_i$）

对各个小班各个因素的修正系数进行统计汇总，如表7-14所示。

表 7-14　过火区域小班修正因素系数汇总

| 小班号 | 基准价级别 | 基准价格[元/(公顷·年)] | 保护等级 | 社会发展水平 | 经济发展水平 | 资源稀缺 | 水域距离 | 人口距离 | 立地条件 | 群落完整性 | 年龄 | $\sum K_i$ |
| --- | --- | --- | --- | --- | --- | --- | --- | --- | --- | --- | --- | --- |
| 1 | Ⅳ | 85 05 | 0 | 0 | 0 | -1.944 | 0 | 1.4 | 1.125 | -0.792 | -0.702 | -0.913 |
| 2 | Ⅳ | 85 805 | 0 | 0 | 0 | -1.944 | 1.15 | 1.4 | 1.125 | 0 | -0.702 | 1.029 |
| 3 | Ⅴ | 55 128 | 0 | 0 | 0 | -4.104 | 0 | 3.136 | 1.26 | 2.464 | 2.184 | 4.94 |
| 4 | Ⅴ | 55 128 | 0 | 0 | 0 | -4.104 | 0 | 1.568 | 1.26 | -1.672 | -1.482 | -4.43 |
| 5 | Ⅴ | 55 128 | 0 | 0 | 0 | -4.104 | 1.288 | 1.568 | 1.26 | 0 | -1.482 | -1.47 |
| 6 | Ⅴ | 55 128 | 0 | 0 | 0 | -4.104 | -1.748 | 1.568 | 1.26 | 1.232 | -1.482 | -3.274 |
| 7 | Ⅴ | 55 128 | 0 | 0 | 0 | -4.104 | 1.288 | 3.136 | 1.26 | 2.464 | 2.184 | 6.228 |

## 7.4 评估结果

如前所述：

生态功能价值=基准价×$K_t$×(1+$\sum K_i$)，$K_t$=1.0517；

1号小班每公顷修正后的生态价值=85 805×1.0517×(1−0.913%)=89 417元/公顷=5 961元/亩，该小班的森林生态服务价值=9.68公顷×89 417元/公顷=865 556.56元；

2号小班每公顷修正后的生态价值=85 805×1.0517×(1+1.029%)=91 170元/公顷=6 078元/亩，该小班的森林生态服务价值=8.3公顷×91 170元/公顷=756 711.00元；

3号小班每公顷修正后的生态价值=55 128×1.0517×(1+4.94%)=60 842元/公顷=4 056元/亩，该小班的森林生态服务价值=20.28公顷×60 842元/公顷=1 233 875.76元；

4号小班每公顷修正后的生态价值=55 128×1.0517×(1−4.43%)=55 410元/公顷=3 694元/亩，该小班的森林生态服务价值=12.75公顷×55 410元/公顷=706 477.50元；

5号小班每公顷修正后的生态价值=55 128×1.0517×(1−1.47%)=57 126元/公顷=3 808元/亩，该小班的森林生态服务价值=15.72公顷×57 126元/公顷=898 020.72元；

6号小班每公顷修正后的生态价值=55 128×1.0517×(1−3.274%)=56 080元/公顷=3 739元/亩，该小班的森林生态服务价值=4.7公顷×56 080元/公顷=263 576.00元；

7号小班每公顷修正后的生态价值=55 128×1.0517×(1+6.228%)=61 589元/公顷=4 106元/亩，该小班的森林生态服务价值=10.66公顷×61 589元/公顷=656 538.74元。

因此，本研究基于2017年烟台市公益林生态服务功能基础评估数据及生态基准价数据，结合过火区域每个小班具体实际情况，通过分析、修正管理因素(保护等级)、社会因素(社会发展水平、经济发展水平)、资源稀缺因素(资源稀缺度)、区位因素(距河流和湖库的距离、与乡镇人口密集区距离)、自然因素(立地条件、群落结构完整性、森林年龄结构)，确定了2017年烟台市A区B镇1~7号森林小班区域82.09公顷公益林地发生的山林火灾生态服务价值损失，总计：

1~7号森林小班生态服务价值损失=18 655 56.56+756 711.00+1 233 875.76+706 477.50+898 020.72+263 576+656 538.74=5 380 756.28元/年。

# *8* 森林生态系统服务功能基准价体系探索与思考

2021年，中央全面深化改革委员会第十八次会议通过了《关于建立健全生态产品价值实现机制的意见》，其中明确要推动生态产品价值核算结果的应用，体现在生态保护补偿、生态环境损害赔偿、经营开发融资、生态资源权益交易等方面的应用。森林生态系统服务价值作为生态产品价值的一种形式、路径，是通过人类活动、市场运作而实现的。森林生态系统服务功能研究的最终目的应该是对评估结果的应用。总体看来，目前我国关于森林生态系统服务价值的研究与市场经济、政府决策及管理未能有效整合，同时研究结果的现实应用率也较低，实现为社会服务的道路依旧较远。

森林生态系统在类型、组成、年龄、分布上存在较大的差异，决定着森林生态服务功能的复杂多变性。森林生态系所提供的无形的涵养水源、保育土壤、固碳释氧、林木积累营养物质、森林游憩、森林防护、生物多样性保护、净化大气环境等功能，以及森林所能提供的林木、木材、林果副产品等有形的产品，就是森林所能提供的生态产品。通过森林生态系统服务功能的价值评估，为生态产品价值实现做好数据基础支撑。森林生态系统服务功能的价值评估核算完毕后，如何实现其生态产品价值是本书需要讨论的地方，下面从生态环境损害赔偿、森林生态效益补偿及烟台市森林生态产品价值实现等方面进行讨论。

## 8.1 森林生态服务功能评估与生态环境损害赔偿

为了推进生态文明建设，2015年9月，党中央、国务院印发了《生态文明体制改革总体方案》，文件明确要严格实行生态环境损害赔偿制度，健全环境损害赔偿方面的法律制度、评估方法和实施机制。2017年12月，中共中央办公厅、国务院办公厅印发了《生态环境损害赔偿制度改革方案》，文件要求生态环境损害赔偿要明确损害赔偿范围、赔偿义务人、赔偿权利人和损害赔偿解决途径等，生态环境损害赔偿范围包括生态环境修复期间服务功能的损失，该文件为森林生态环境损害赔偿工作提供了政策支撑，指明了方向，但是并没有具体的要求。近些年，工业污染、人为纵火、乱砍滥伐等因素，造成我国的森林生态环境损害赔偿事件逐年上升，相关行业对森林生态系统损害评估的需求旺盛。但是国内该项工作研究及实践较少，尤其具体到森林资源。面临着评估体系不完善、评估方法有待检验等问题。

### 8.1.1 相关定义

国内对森林生态环境损害定义研究极少，《生态环境损害鉴定评估技术指南 生态系统 第1部分：森林和林地（征求意见稿）》中将其定义为：由于乱砍滥伐、毁林开荒、违规工程建设等生态破坏行为或污染物排放等环境污染行为，造成林地立地条件或生境质量下降、物种数量减少、结构受损、生态服务功能降低甚至丧失。包蕊等（2021）认为，森林生态系统损害是指以森林生态系统为研究主体，关注生态系统损害行为（人为纵火、污染、滥砍滥伐等）造成的大气、土壤、水体等环境要素的不利改变，所导致森林及其生态系统服务功能的破坏或损伤。总体上来看，这种损害包括森林生产力下降（蓄积量、生长量、林副产品产量等）、生态系统功能减弱（水源涵养、保育土壤、气候调节等功能下降，土壤贫瘠、水土流失加重、群落结构失衡等）、生物多样性降低（植物、动物、微生物的数量、种类降低，种群密度减少）。

### 8.1.2 法律支撑

《中华人民共和国民法典》2020版第13235条规定：生态环境损害侵权人要赔偿生态环境受到损害至修复完成期间服务功能丧失导致的损失以及生态环境功能永久性损害造成的损失。《中华人民共和国森林法》（2020）第86条规定：破坏森林资源造成生态环境损害的，相关行业主管部门要向法院提起诉讼，对侵权人提出损害赔偿的要求。此外，诸如《最高人民法院关于审理生态环境损害赔偿案件的若干规定（试行）》（2019）、《最高人民法院关于审理环境民事公益诉讼案件适用法律若干问题的解释》（2015）、《关于违反森林资源管理规定造成森林资源破坏的责任追究制度的规定》（2001）等条文，也对森林资源生态环境损害赔偿相关责任、义务做出了解释。相关法律条文为森林生态环境损害赔偿提供了法律支撑，因此，做好森林生态系统损害评估是实现损害赔偿的前提。

## 8.1.3 标准规范

近些年,关于森林资源资产评估和生态系统服务评估的标准文件逐渐增多。2016年环境保护部通过了《生态环境损害鉴定评估技术指南(总纲)》,生态环境损害司法鉴定囊括了森林生态系统环境损害鉴定评估,并明确了鉴定评估的一般性原则、程序、内容和方法。2020年,生态环境部起草了《生态环境损害鉴定评估技术指南 生态系统 第1部分:森林和林地(征求意见稿)》,规范生态破坏或环境污染行为导致的森林与其他林地生态环境损害鉴定评估工作,规定了森林与其他林地的生态环境损害鉴定评估内容、程序和技术要求。

国家林业主管部门也加大了对森林资源评估规范及标准的重视,《森林生态系统服务功能评估规范》(LY/T 1721—2008)、《森林生态系统生物多样性监测与评估规范》(LY/T 2241—2014)、《森林生态系统服务功能评估规范》(GB/T 38582—2020)、《森林火灾损失评估技术规范(试行)》、《森林资源资产评估技术规范》(LY/T 2407—2015)、《自然资源(森林)资产评价技术规范》(LY/T 2735—2016)对森林资源直接价值(林地、林木、林副产品)以及间接价值(森林生态系统服务功能)进行了方法学的描述。

一些省份为了提高森林资源生态环境损害评估的具体可操作性,编制了基于本地实际的标准,譬如北京市《森林资源损失鉴定标准》(DB11T 679—2009)、福建省《森林环境损害鉴定评估技术方法》(DB35/T 1729—2017),积极进行了损害评估探索。

## 8.1.4 损害赔偿中生态服务功能评估现状

对生态环境损害赔偿中生态服务功能的损失评估,经历了一个不断探索、不断认识的过程,对生态环境损失的生态评估只有一部分可以进行定量评价,另外一部分只能进行定性评价。以森林火灾损失评估为例,过往损失鉴定主要以直接经济损失补偿为主,近几年向多种效益评估方向发展,评估范围不断扩展,评估方法、结果越来越客观、真实,尤其是对森林生态服务功能补偿研究。

2013年,国家林业局《森林火灾损失评估技术规范(试行)》中对生态环境资源损失的评估指标分成了6大项,包括了防风固沙、改善小气候、吸收二氧化碳、净化粉尘、吸收有害气体、减轻水旱灾害、保护野生生物效益,明确了相关参数价格,同时明确按照1年计算森林生态价值损失,逐渐应用于诸多损失案件中(贾振虎,2017)。梁爱军等(2014)把生态效益指标分为空气质量效益(固碳释氧、吸收有害气体、净化粉尘)、水土环境效益(防风固沙、涵养水源、培肥地力)、其他生态效益(消除噪音、生物多样性保护)3部分。田硕于2016年对广西庆良地区森林火灾损失进行生态评估时，选择了水源涵养、固碳释氧效益、减轻水灾和旱灾效益、水土保持效益、改善小气候、消除噪音效益、改善大气环境等10个指标。包蕊等(2020)在分析总结以往评估指标的基础上，增加了人身安全受损(身体、精神)、人类活动受损、美学景观、文化教育受损价值的评估。为了进一步规范森林资源领域损害评估工作，生态环境部于2020年出台了《生态环境损害鉴定评估技术指南 生态系统 第1部分：森林和林地(征求意见稿)》规范了损害赔偿评估的工作步骤，包括鉴定评估准备、损害调查确认、因果关系分析、生态环境损害实物量化、生态环境损害恢复或价值量化、生态环境损害鉴定评估报告编制、生态环境恢复效果评估等步骤，对受损区域和对照区域植被调查、受损区域和对照区域野生动物调查、土壤调查、森林生态系统服务功能调查进行了说明，林地生态服务功能包括涵养水源、土壤保持、气候调节、防风固沙、固碳释氧、物种保育、文化服务等7个功能，与《森林火灾损失评估技术规范(试行)》《森林生态系统服务功能评估规范》(LY/T 1721—2008)在指标内容、计算方法上有一定的差异，这些文件促使我国森林资源损害评估有据可循，加强了指标评估的可操作性、规范性。

### 8.1.5 难点分析

森林资源不同于其他自然资源，它是由植物、动物、微生物群落以及非生物环境等组成的生态系统。森林生态系统在潜移默化中，不断进行着能量和物质的循环，它是多变的、复杂的、开放的、有生命特征的系统。在地域、组成、分布、时间上呈现较大的差异。森林生态系统的评估，本身存在着较大的难度。

一是基线数据获取的实时性、准确性。在应对林火或者盗伐林木案件时，案件面积的核算往往是以小班作为统计单位。原始小班的森林资源在损害后，往往没有办法进行重新计量，一方面是蓄积量没法统计，再者是生态功能损失难以估量，通过对照区域或者遥感影像很难进行基线水平的还原。所以，基于小班的森林资源规划设计调查数据显得极为重要，一方面关乎森林资源的直接损失，再者关系到森林生态功能的评估。自然资源"一张图"包含着山水林田湖草沙各类生态要素，地类及边界的划定是我国生态事业的"骨架"，在这个框架下的生态属性数据就是生态事业的"血肉"，生态属性数据关乎生态事业的发展。目前，我国已经完成了第三次国土资源调查，准确性极高，但基于小班的生态属性数据的准确性和时效性有待提高。就生态属性数据普查来看，全国各省份的森林、草原、湿地、沙化监测不定期开展，但因为近些年林地年度变更、国家级和省级公益林年度变更等客观因素的影响，有的省份已经延迟了这些生态资源的普查，或者更新不及时。因此，建议在完成各类生态图斑区划后，把重心从图斑的年度监测向生态属性数据的年度监测转变，适时组织各地开展森林、草地、湿地、荒漠化等各类生态资源普查，提升各省份生态普查的系统性、规范性及数据的时效性。

二是基于小班的生态评估数据需要完善。前面综述部分也论及，目前我国森林生态系统的生态服务功能评估多从国家级、省级、重点功能区域的综合性评估，极少有论及某一个森林小班生态功能评价的。所以这就决定了，在具体应对小区域(林场、林班)等的灾害评估时，没有接近实际的数据可用。从地市级层面加强森林生态系统评估的规范性、可比性，同时兼顾地区发展的差异性。相关行业部门需要加大基层森林生态环境监测及生态评价体系的技术指导，协助基层林业系统把森林生态评估准确地落到每一个森林小班。做到每个小班的矢量边界、生态数据、评估数据有章可循，这样才能建立适合我国新时期生态损害赔偿需要的生态服务功能评价体系。

三是评估的难度需要提高评估专业性。虽然对生态评估标准、指标逐渐完善，但是森林生态系统受损原因多、情况复杂，各生态要素发生着复杂的变化及反应，给损害后的生态评估带来了很大的难度，尤其是基线确定和受损状态确定，针对森林资源类型、现场条件的特殊性，对量变到质量的边界进行确定(张晓燕等，2020)。森林生态环境损害评估涉及的评估方法包括现场踏勘、监测分析、分析比对、问卷调查、资料查阅、专家咨询。确定受损森林资源所处的自然条件(森林资源类型、生态学特性、生态功能区区位、气候、海拔、水文、土壤条件等)、经济发展水平、社会发展水平、物价水平需要大量的基础数据。同时，确定受损林分损害类型、受损程度、恢复难度、植被演替调查、野生动植物调查、土壤调查、生态修复等都需要较高的生态学知识基础。此外，森林生态系统服务功能损失评估涉及恢复成本法、替代成本法、影子工程法等方法，如何确定基线状态和受损后状态的单位面积价值，以及恢复期间的价值，都是难度非常大的工作。另外，在生态效益损失物质量和价值量评估中，要兼顾共性和差异性，注重生态损失赔偿的公平性、客观性、可比性。因此，森林资源生态环境损害赔偿应该由具备森林调查及评估资格的第三方评估机构或者林调查规划设计单位进行，并加强业务培训，提高专业性。

## 8.2 森林生态服务功能评估与森林生态效益补偿

如前所述，森林生态系统可以为人类提供多项生态服务，这种生态服务关乎人类福祉，具有公共产品属性，不具备排他性，这种生态服务的生产者或者提供者难以通过市场从生态服务受益者获得相应的报酬。长此以往，对于森林资源的保护不利，难以提高森林经营者的积极性。为此，我国于 20 世纪末提出了森林生态效益补偿的思路，即对生态服务提供者进行付费的机制。森林生态效益补偿，是指森林生态系统服务的受益者或政府在资金、技术等方面对生态系统服务的提供者付费，以弥补其为了保护森林生态系统而付出的实际成本或者丧失的机会成本的法律行为（刘明明，2018）。广义的补偿范围应该是对保护森林生态的行为以及具有重要生态价值的对象进行的保护性投入，应该覆盖林业重点工程、森林病虫害防治、森林防火等，狭义的森林生态效益补偿则专指森林生态效益补偿基金制度所涵盖的内容（李文华，2007；张海鹏，2018）。

### 8.2.1 法律支撑

1998 年《中华人民共和国森林法》（修订版）将生态公益林（特种用途林和防护林）纳入森林生态效益补偿范围之内，为我国的森林生态效益补偿制度打下了法律基础。2001 年，国家林业主管部门制定了《森林生态效益补助资金管理办法（暂行）》，标志着森林生态效益补偿制度的建立。2004 年，《中央财政森林生态效益补偿基金管理办法》的实施，标志着森林生态效益补偿制度在全国层面的实施。2007 年，《中央财政森林生态效益补偿基金管理办法》的实施，进一步完善了生态补偿的内容、范围（徐莉萍，2016）。地方林业主管部门也根据国家的标准，制定了省级森林生态效益补偿资金管理办法，以广东省为最早。到今年，森林生态效益补充工作已经进行了十余年，基于国家级和省级财政的补偿制度日趋完善，覆盖全国，成效显著，部分地级市也已经实施了该项制度。

### 8.2.2 存在问题

森林生态效益补偿是森林生态产品价值实现的重要方式，目前我国森林生态补偿主要是以纵向的财政转移支付为主。目前，大部分地区的森林生态补偿多以中央财政、省级财政补偿为主，主要依据公益林地的面积来发放补贴。尽管森林生态效益补偿制度已经进行了十余年，积累了很成功的经验，极大促进了森林经营者、保护者的积极性，但就实践来看，还有几个突出问题亟待重视。

一是补偿标准单一的问题。就目前来看，对全国各地国家级公益林的生态效益补偿金额完全一致，出现补偿"一刀切"的现象，忽视了生态区位、经济发展水平、森林组成、造林树种、营造林难度，等等因子，表面上是公平的，实际上造成了区域间的不公平，也就降低了资金的使用效率。林农在造林时会选择低成本树种，低成本造林，选择单纯林人工造林模式，最终不利于森林健康，降低生态效益。因此，需要建立差异化补偿机制。二是补偿标准低的问题。就国家目前森林资源保护政策来看，生态公益林大部分趋于封育状态，林农很难再从公益林里获取木材林产品收益，加之营造林、抚育、防火、防虫，等等因素，造成现有补偿标准难以弥补农民在经济利益上的损失以及成本投入。三是资金来源单一的问题。党的十九大报告强调，要建立市场化、多元化的生态补偿机制。但就目前来看，在森林生态效益补偿方面，是以国家级、省级、地方财政为主，仍然没有形成市场化的补偿机制。在经济下行压力比较大的情况下，会给地方财政造成巨大的压力，不利于生态补偿的可持续发展，因此需要拓宽资金来源渠道。四是生态效益补偿的理论、机制不健全。过往生态效益补偿，多是依据政府财政支付能力制定政策，考虑的补偿定价因素也比较单一，既没有充分考虑到林农造林、营林、管护的成本，也没有依据森林发挥生态服务功能进行科学补偿，补偿的方法体系没有建立。因此，正确地制定补偿依据、补偿理论模型、补偿标准及评定补偿资金需求是新时期森林资源生态效益补偿的重要内容。

### 8.2.3　基于森林生态服务功能的森林生态效益补偿

森林生态服务功能评估有助于我们全面认识和客观评价森林的地位和作用，森林不仅仅只有木材和林产品，还有生态价值。通过近些年的生态评估实践、科学研究，森林生态系统生态功能从物质量和价值量两个方面，变得能够测度、能够描述、能够计量，得到了社会普遍认可，为各层级政府制定生态领域的决策提供依据，促进相应的政策、制度体系有据可循、便于操作。现行的森林生态效益补偿制度实际上是基于财政支付能力的对营造林、管护森林成本的一种简单补贴，没有考虑到森林的生态效益。未来，应该根据森林生态服务功能差异、所处区位差异对林农进行差别化的生态补偿，森林生态服务功能价值量越高，生态区位重要性越高，林农所获得的补偿就应该越高。

实践来看，森林生态服务功能价值要远远高于生态补偿值，如何从生态服务价值出发去确定补偿标准、补偿办法，达到不同层级政府或者部门的财政支付能力，同时能够给予生态服务提供者合理的补偿，在这些方面，国内学者已经进行了大量卓有成效的研究。杨盈等(2018)在生态公益林生态服务价值核算的基础上，根据地理属性和生态价值溢出方向，提出了横向生态补偿的标准及办法；韩秋萍(2014)和温建丽(2018)等在分析生态屏障区森林生态服务价值的基础上，采用调查问卷的方法对生态补偿标准进行了研究；赖敏等(2015)以三江源自然保护区为例，研究探讨了基于生态系统服务价值的生态补偿办法，采用专家咨询法确定相关系数，最终得到了该区域生态补偿额度；田义超等(2019)在赤水河流域生态服务价值核算的基础上，采用生态补偿计量模型计算了流域补偿额度。王女杰等(2010)参考谢高地的生态系统单位面积生态服务价值表，对山东省不同生态区的生态服务价值和生态补偿优先级进行了计算，首次提出了优先级的概念及计算公式，$ECPS = VAL_N/GDP_N$（式中，$ECPS$ 是生态补偿优先级，$GDP_N$ 表示单位面积地区生产总值，$VAL_N$ 表示单位面积生态系统非市场价值），表征生态补偿的迫切程度；郭年冬等(2015)应用生态补偿优先级模型，对环京津地区 73 个县(市)的单位面积生态系统服务价值和生态补偿优先级进行了计算，确定了生态补偿优先序及额度；孟雅丽等(2017)基于生态系统服务价值，以上中下游流域和各县域 2 个空间尺度，计算其生态系统服务价值和生态补偿优先级，明确补偿的优先地区和支付地区、补偿办法。黄颖(2021)和张猛(2014)依据生态系统服务价值，分别探讨了江苏省和辽宁省各地级市生态补偿优先级，确定生态补偿受偿对象及横向补偿额度。内蒙古大兴安岭林区以森林生态系统服务功能评估为基础，计算得出森林生态效益定量化补偿系数、财政相对能力补偿指数、补偿总量及补偿额度，确定生态效益补偿额度为每年每公顷 232.8 元，其中生态效益补偿额度最高的为枫桦，每公顷达 303.53 元(中国绿色时报，2020)。

2021 年，为充分发挥财政资金激励引导作用，调动地方植树造林积极性，提升山东省森林生态系统功能，助力碳中和目标实现，推进科学绿化工作，山东省财政厅、自然资源厅出台了《山东省森林生态补偿办法(试行)》。对国家级、省级公益林补助标准提高至每亩 18 元；对新增造林每亩补助不超过 800 元，退化林修复、农田林网和见缝插绿每亩补助不超过 400 元。2022 年，烟台市财政局、烟台市自然资源和规划局(市林业局)基于《山东省森林生态补偿办法(试行)》，制定了《烟台市森林生态补偿办法(试行)》，明确了烟台市森林生态效益补偿标准。对生态公益林仍然实行统一的补偿标准，不分树龄树种，也不考虑其提供的生态服务差异。不同树种，不同林龄的公益林，其提供的生态系统服务存在较大差异。就同一优势种的森林来说，其固碳释氧功能随着林龄的增加表现为抛物线的变化曲线，而不同优势种的森林生态系统，其水源涵养服务功能也存在明显差异。因此，将森林资源生态服务功能的差异，考虑到生态补偿标准的制定中，才更能体现生态补偿的生态服务内涵。基于以上原因，在烟台生态公益林生态服务价值基础上，结合烟台的功能规划、人口密度及生态等级等区位因素，制定基于生态系统服务价值的差别化的生态公益林生态效益补偿标准、办法是未来的研究方向。

## 8.3 烟台市森林生态价值实现中的探索及难点分析

### 8.3.1 探索路径

(1) 开展森林资源生态评估及森林生态补偿工作

生态系统评估是认识生态环境状况、实施生态系统可持续管理的基础。森林作为陆地生态系统的重要组成部分，对维持自然生态系统格局、功能和过程具有特殊的生态意义。烟台市高度重视自然资源生态功能，于2017—2018 年启动了森林资源生态系统服务功能评估项目，以烟台市森林生态系统为研究对象，同时涵盖了烟台市重点生态区位，也对经济林、海岸防护林带资源、海岛型森林资源进行了分析评价。分析了涵养水源、保育土壤、固碳释氧、林木积累营养物质、净化空气、生物多样性保护、森林游憩功能、海防林防灾减灾功能，分布式测算森林资源的物质量和价值量。得到烟台市全域森林资源生态服务功能评估价值量为 578.421 亿元/年，总价值位居全省第一位。目前，该数据已经向社会大众公布，项目成果已经服务于各级政府决策、价值核算，同时应用于森林资源鉴定损害赔偿，在涉及全民所有制林业的生态赔偿方面，该项目成果也发挥了新的作用，为法院、检察院公益诉讼案件起到数据支撑作用。此外，项目成果矢量数据为烟台市生态红线功能区划、自然资源生态分级提供数据支持。

森林生态补偿是森林生态产品价值实现的重要方式，是一种财政转移支付的方式。2022 年，为充分发挥财政资金激励引导作用，调动全市植树造林积极性，提升全省森林生态系统功能，助力碳中和目标实现，推进科学绿化工作，2022 年，烟台市财政局、市自然资源和规划局(市林业局)出台了《烟台市森林生态补偿办法(试行)》。文件要求，综合考虑全市第三次国土资源调查结果和"三区三线"划定情况，对生态公益林面积、森林蓄积量、新增造林面积、退化林修复面积、农田林网面积和见缝插绿面积实施生态补偿。对国家级、省级公益林补助标准提高至每亩 18 元；对各县(市、区)年度新造林，经省级复核造林上图成果后，按照实际面积由省级财政给予补偿,其中新增造林每亩补助不超过800元,退化林修复、农田林网和见缝插绿每亩补助不超过400元。烟台市森林覆盖率及面积在全省占据首位,在纵向的生态补偿方面占据优势,但是也面临未来增绿空间有限的问题。同时,烟台市内各县(市、区)之间的覆盖率也不均衡,为此,烟台市也在基于覆盖率、蓄积量完善市内的森林生态补偿机制,通过横向间的森林生态补偿,促进造林绿化、提升森林蓄积量。

(2)农林生态旅游与乡村振兴结合提升生态产品质量及森林旅游价值

烟台市自然要素禀赋齐全,具备发展生态旅游的优异物质基础,森林、海洋、特色农业、葡萄酒文化等生态产品及衍生品构成了烟台市生态旅游的主体框架,生态旅游成为烟台的经济支柱之一。改革开放以来,烟台市不断改革旅游业体制机制、发展多元化的生态旅游,创新旅游品牌形象、培育新型市场主体,生态旅游业蓬勃发展,为经济发展注入强大动力,烟台市也因此荣获了"中国旅游城市""联合国宜居城市""最佳中国魅力城市"等殊荣。2017年,党的十九大报告中提出了乡村振兴战略,生态旅游是乡村振兴战略的重要组成部分,生态旅游和乡村振兴战略结合,形成烟台市农林特色生态旅游产品。烟台苹果、莱阳梨、福山樱桃、蓬莱葡萄酒产业、特色苗木花卉是烟台农村生态旅游的支柱,灵山秀水融入合理的村庄规划,以农家乐为代表的农林生态旅游富了农家人腰包,促进了乡村振兴、脱贫致富事业。在这些政策激励下,烟台市出现了一个个典型的农林生态旅游村、休闲娱乐村,譬如莱阳市濯村。

20世纪90年代,莱阳市濯村是一个以养殖业为主的传统村落,不能集约化经营,村民缺乏生态环保意识,环境问题严重,小作坊式的发展模式只能满足村民温饱,不利于人与自然和谐发展。村两委重新规划,探索走农业适度规模经营和农林生态旅游之路,濯村实现多途径发展,农民在农林产业融合中变身产业工人,增收致富。从只有单一农业支撑的局面,到如今建起8000亩经济林果品、园林基地,运营起莱阳第一个村级工业园,吸引来自6个国家和地区的16家企业入驻。以樱花旅游节为典范,打造起文化旅游项目,濯村已形成了一、二、三产业互促共进、全面开花的兴旺新格局。近几年,濯村整合园林绿化苗木基地、花卉基地、樱花资源,举办"樱花节",樱花文化旅游节结合百姓农家乐、品土特产等,目前已累计接待游客200余万人次,培育起一条以樱花游为主的特色旅游产业链条。濯村正与中青旅集团等开展合作,拟建设占地10平方千米的田园文旅小镇项目,将镇驻地、濯村及周边10个村庄、五龙河水资源以及鲁花创业文化相结合,打造农林风情小镇和休闲、观光、旅游综合田园文旅小镇。濯村经济依靠生态而来,又在绿水青山中不断升级,打造出新时代新农村建设的"齐鲁样板"。

类似莱阳市濯村的案例还有很多，譬如小草沟景区、国路夼景区、蓬莱马家沟景区等。2015 年以来，蓬莱马家沟景区通过大力实施生态提升工程、山水林田路综合整治工程，累计投资 2.8 亿元打造了国家 AAA 级旅游景区——马家沟森林生态旅游景区，目前已形成了集 6 大板块、10 大主题（葡萄酒品鉴、森林亲子游乐、经济林产品果蔬采摘、民俗体验、户外对抗、自驾野宿等）为一体的综合性休闲度假胜地。据统计，2016—2020 年景区平均每年接待游客数量为 30 余万人次，旅游收入 2 000 万元。

烟台市通过发展森林生态旅游，充分挖掘森林旅游资源价值潜力，结合本地乡村振兴战略，发挥农民的主观能动性，充分参与生态环境事业，采用农家乐、森林康养、打造旅游品牌、创新非物质文化等等形式，增加生态产品的数量，提高生态产品的质量。依靠生态旅游开展多种经营，慢慢形成了旅游、民宿、餐饮、景区服务、文化、园林绿化等产业，带动"生态+文化"与"生态+旅游"等产业形态协同创新发展，实现生态产品的价值。

（3）海防林基干林带森林抚育及景观改造带动土地溢价

多年以来，烟台市始终坚持"绿水青山就是金山银山"理念，确立更高的生态工作标准，推动烟台生态文明建设走在前列。烟台市拥有长达 1 000 多千米的海岸线，横跨黄渤海，对应海域面积约 2.6 万平方千米。从海岸线往内陆延伸约 200 米以上的沿海防护林基干林带，对沿海人民的生活起到了不可代替的防护作用，体现在防风固沙、抵御海雾海浪侵袭方面，是城市与海岸之间的绿色屏障。随着海洋、海岸开发活动增多，烟台市部分海岸线林带受到不同程度的破坏。同时，由于渔业无序发展，乱建养殖场，随意倾倒垃圾，生活污水排入海洋，等等原因，海岸线森林生态环境整体下降，污染加重，海岸线也被侵蚀。此外，海防林也存在树种单一老化，病虫害多的问题，亟须进行森林抚育更新。基于这类环境问题，烟台市委市政府集中开展"净滩行动"，全面清理整治海防林带环境，建立陆海统筹机制。扎实开展"四减四增"工作，维护海防林带景区良好的生态环境。

代表性的案例是烟台市开发区滨海森林公园的建设。长期以来，开发区滨海森林区片存在生产力低下、病虫害严重、景观美感低、区域内规划单一的问题，不能提供充分的生态产品，不能较好地服务于市民的日常生活。从 2012 年起，开发区政府加大了对海防林带森林公园生态环境的整治改造力度。一是，全球招标设计团队进行森林公园设计提升，聘请全球规划设计领域知名专家团队 AECOM 公司领衔设计，具体内容包括森林景观改造、公园交通规划、地标性雕塑等，国内十余家高水平规划设计单位参与。二是，在尊重原有森林生态功能定位的基础上，进行森林抚育更新，通过工程措施改良土壤，增加土壤养分，提高成活率，同时新增加80多种园林绿化树种和花灌木，60余种地被植物。三是充分利用森林公园林内空地，设置花海、草坪、乐活公园、迎宾广场等十余个活动空间，为市民提供休闲娱乐场所。

通过森林公园生态环境治理提升，生态产品供给能力不断提高，区域生态环境显著提升，防护林树种不断丰富，"色块飘带"设计层次多样化，色彩搭配有序，植被错落有致，三季有花，野趣十足，生物多样性提高，形成蓝天碧水、清洁港湾、茂密植被等于一体的生态空间。设置森林景观、娱乐休闲设施和便民设施，充分开发利用了空间，满足烟台市民娱乐休闲需要。其次，百姓民生不断优化，通过生态环境综合整治，市民在森林公园里游玩，感受自然、人文、生态气息，真正实现生态环境造福人类的契机，展现了人与自然融洽相处的和谐画卷。再次，森林公园环境的提升，生态环境的美化，带动周边区域整体设施配套的完善，符合市民改善居住环境的需求，周边区片内产业结构加速转型，吸引高端服务业进入片区，带动区片土地增值，海洋、森林、湿地的生态产品价值不断显现。开发区金沙滩公园附近区片的基准地价连年提升，商业的基准地价2013年是3 600元/平方米，2019年4 500元/平方米；住宅的基准地价2013年5 400元/平方米，2019年8 000元/平方米。

近年来，森林公园区域生态环境治理提升的力度加大，譬如鱼鸟河森林公园、逛荡河森林公园、内外夹河森林公园等，通过森林抚育、低效林改造、森林景观设计等措施带来了良好的生态人居环境，带动了周边区片土地基准地价的提升，百姓生活幸福感逐年提高，生态产品价值逐渐显现。

（4）综合生态修复打造森林生态文明试验区

烟台市积极投身海岸线综合生态修复，助力长岛县于2018年成功创建长岛海洋生态文明综合试验区，把烟台市生态文明建设推向了一个新高度，成功打造了森林生态产品价值实现的一张靓丽名片。长岛县是以保护海鸟为主的国家级自然保护区、国家级森林公园，森林覆盖率50%左右。2019年年初，长岛开始编制《长岛山水林海城生态保护修复工程实施方案》，该生态修复方案包括了全方位生态治理修复、裸露山体环境治理恢复、水环境改善治理、生物多样性保护等重点内容，为长岛"山水林海城"生态保护修复提供方案规划支撑。近3年来，长岛试验区积极进行探索和践行生态优先、绿色发展的理念，努力打造绿水青山就是金山银山的海岛样板。一方面持续保护修复生态环境，另一方面大力发展绿色产业。

一是全岛全方位生态修复。通过种子喷薄技术、危岩体整治、栽植花灌木、拆除风机等措施，对全岛 17 处地质灾害隐患点及裸露山体进行治理，修复山体治理面积 20 万余平方米。二是提升生态旅游，凭借"山、海、岛"自然元素，推出妈祖文化、特色渔俗、海上娱乐等多类型海岛特色，继续组织马拉松比赛、海钓邀请赛、海鲜节等品牌赛事活动，发展高端休闲旅游度假项目。三是发展现代生态渔业，以海洋牧场建设引领近岸养殖向深远海拓展、传统渔业向现代渔业转型。通过全方位的生态保护修复及发展新产业新业态，长岛形成了山青、水碧、林茂、海蓝、城新的生态新格局。

到 2020 年，长岛 PM2.5、悬浮物浓度显著降低，空气质量显著提升，90%以上近岸海水质量达到一类标准，森林更绿、蓝天更蓝。"海上仙山·生态长岛"品牌的知名度、影响力不断提升。海岛、森林生态旅游发展态势不断向好，进岛游客数屡创新高，旅游产值不断提升，生态产品价值显现。人民生活方式有了新面貌，经济发展向集约化发展，长岛综合试验区走出一条生态友好、绿色低碳、具有海岛特色的高质量发展之路，对全新时期生态产业化具有极强的示范作用。

### 8.3.2 难点分析

(1) 森林生态意识有待进一步提高

森林资源是重要的生态资源，在应对气候变化、维系人类生存发展中起着至关重要的作用。习近平总书记提出的绿水青山就是金山银山理念丰富了马克思主义经济学，为生态产品价值实现指明了方向。绿水青山就是金山银山揭示了保护生态和发展经济之间的关系，"绿树青山"代表着良好舒适的生态环境，本身就富有"金山银山"的经济价值。烟台市是森林资源大市，如何正确处理生态保护和经济发展的关系，打造生态文明发展新范式、为绿色发展布新局谋新篇，需要进一步思考，对茂密森林、蓝天碧水、清洁空气的价值认识度需要进一步提升。在当今碳达峰、碳中和的大背景下，谁能占领先机，谁就把握主动，这需要进一步增强意识，紧跟生态产品价值实现最新形势，加强"两山"理论研究和制度建设，优化布局，积极探索生态产品转变为经济价值的方法、路径，实现生态效益和经济效益的双增。

(2) 森林生态补偿制度需要完善

森林生态补偿是森林生态产品价值实现的一种重要方式。目前，中央和省对地方都有森林生态补偿资金，但市级补偿资金相对于南方地级市还是偏少，对重点生态功能区生态贡献投入量的衡量不够，投入力度有待提高。社会大众投入、企业单位投入、绿色金融银行等其他途径较少，补偿办法和可持续发展规划有待进一步完善。均一化、无差别的森林生态补偿，无法兼顾森林质量、森林健康、蓄积量、地区间经济发展水平等方面的差异，需加强县级森林生态补偿办法、制度以及横向生态补偿制度的探索。

（3）森林生态产品价值实现尚未形成市场化机制

2021年，中共中央办公厅、国务院办公厅发布《关于建立健全生态产品价值实现机制的意见》，要求加快完善政府主导、企业和社会各界参与、市场化运作、可持续的生态产品价值实现路径。各地已经掀起了生态产品价值实现探索的高潮，福建南平的"森林生态银行"模式、重庆"地票"模式等都是生态产品价值实现的典型。2021年7月全国启动了碳交易市场，目前市场运行平稳，价格稳中有升。碳汇市场重要组成部分之一是林业碳汇交易市场，因为存在资产产权不明晰、范围难以界定、机制不健全等等原因，市场化机制下的森林生态产品价格、分类、交易、税费等体系建立存在困难，缺乏对森林生态产品价值实现的交易制度和金融支持。下一步需营造碳汇林或把森林资源纳入碳汇林体系，建立烟台市森林资源要素和生态产品价值实现的市场化运作。

## 8.4 森林生态系统服务功能基准价体系成果应用前景

### 8.4.1 成果应用前景

本研究提出了森林资源生态价值区片基准价体系构建的技术路径和方法，在以往自然立地条件森林生态价值评估的基础上，进一步挖掘数据的应用潜力，创新使用方法，研究思路和研究成果具有一定创新性，可为今后进一步开展森林资源生态价值区片基准价体系建设提供示范和参考借鉴的作用，进一步丰富自然资源价值评估体系。

森林生态基准价创新了森林生态价值评估成果数据的应用方法，依据森林生态服务价值对森林小班进行划区及修正，能客观反映待估林地的生态价值，解决了过往森林生态系统服务功能价值评估工作中存在的数据量庞杂且有部分涉密，数据较为原始和生态，成果无法被评估机构掌握和使用，无法应用于指导生产实际的问题。在面临生态价值评估、生态赔偿、生态补偿、公益诉讼等应用需求时，便于实际操作。为森林生态评估数据应用于指导森林资源有偿使用、生态赔偿等提供了实际可行的方法。

森林生态价值区片基准价外部修正体系的创新性建立，能够客观衡量社会因素、资源因素、经济因素等因子的作用，提高生态环境损害赔偿的可操作性。过往森林生态评估对于外部因子影响的研究较少，方式方法不够科学，不能够科学定量地分析各种因素的作用，本研究成果通过大量文献支持和应用特尔斐法，征求专家意见，确定了影响因子和影响范围，编制了修正系数表，创新性建立了森林生态价值区片基准价的外部修正体系，可以科学量化外部影响因素的作用，对公益林林地定级有参考作用。

森林资源基准价体系综合考虑了地方人口分布、水域资源分布、区位因素、经济发展因素等，能够为地方国土空间规划提供一定的参考，为生态资源保护提供价值参考。各区片生态基准价水平，是地方政府进行国土空间规划的重要参考指标，通过价值的差别和调整引导或限制资源使用，可进一步加强森林资源管理、实现森林生态价值合理配置，使有限的森林资源发挥最大经济社会效益。

### 8.4.2 完善体系建议

近些年，习近平生态文明思想在实践中不断丰富、完善，生态文明理论和生态文明实践往纵深发展。党的十八大以来，习近平总书记提出"山水林田湖草是生命共同体"的论断，强调"统筹山水林田湖草系统治理""全方位、全地域、全过程开展生态文明建设"，帮助我们树立了宏观的生态格局思想，即生命共同体的思想。森林资源是陆地生态系统的主体，满足了人们的大部分生态需求，在基层调查评估中，我们发现山体、森林、草地、湖泊、河流、田地在空间位置上是相互连接的，在功能上是相互渗透的、相互耦合的，如果单独计算生态功能，会出现重复计算的问题。因此，新时期、新格局下，要重新认识山水林田湖草等自然资源要素之间生态功能的相互关联和依存，保持独立性、保持整体性、保持关联性，算长远账、算综合账，为生态系统性管理、治理做数据支撑。

以森林为主体的自然资源是生态文明的物质载体，自然资源质量的优劣好坏，直接反映了生态健康程度，反映了人类活动对自然资源的影响程度。生态评估监测作为一种技术手段，对自然资源的静态质量、动态发展有着科学的预警作用。目前，我国在自然资源评估监测方面已经积累了如下优势：

一是自然资源调查监测已经具备了基本的框架。我国对自然资源的动态监测已经进入了常态化，包括山、水、林、田、湖、草都有了不同精度的数量、质量监测体系，国家、省、市、县监测机构基本完善，数据质量、准确度逐年提高，面积、分布越来越清晰。基本数据库的属性组成不断扩充完善，为生态评估提供了基本的承载框架。

二是自然资源生态评估已经具备了完善的技术体系。国际和国内对于山、水、林、田、湖、草的生态评估监测技术已经非常成熟，类似《森林生态系统服务功能评估规范》（GB/T 38582—2020）、《陆地生态系统生产总值（GEP）核算技术指南》等，形成了多层次的生态评估监测技术规范、标准，这些行业规范和标准已经初步应用于不同类型的自然资源生态评估监测，同时生态评估监测数据结合地理信息技术可以实现空间化分析。

三是自然资源生态评估监测已经应用于部分国家级重要生态区域。国家针对三江源、祁连山国家级自然保护区等具有重要生态价值的区域，已经先行先试开展了生态评估监测，对其他重要生态区位、敏感生态区位具有较强的示范意义，不同层级、不同尺度的生态评估监测已经铺展开来。

四是我国科研教育事业及地方生态评估监测已经积累了大量的生态评估监测数据。我国高等院校在自然科学领域的研究积累了大量的经验和准确的数据，但是应用于地方生态评估监测的不是很多。

新时期生态文明建设对生态系统服务功能评估提出了更细致全面、更贴近基层的要求。根据2015年《生态文明体制改革总体方案》（中发〔2015〕25号）和《编制自然资源资产负债表试点方案》（国办发〔2015〕82号）、2021年中央全面深化改革委员会第十八次会议通过的《关于建立健全生态产品价值实现机制的意见》、2017年中央全面深化改革领导小组第三十八次会议审议通过的《生态环境损害赔偿制度改革方案》等这些文件均明确要求基层部门要建立自然资源存量及变化统计台账，包括林草资源资产账户、湿地资源资产账户等，这些账户中很重要的一部分就是生态系统服务功能评估。以森林资源为例，国家、省级行业主管部门可以在大区域上依据一类资源清查、卫星遥感影像、生态服务价值当量因子表等进行宏观尺度的生态评估，但是小区域、小尺度、基于基层的评估监测体系仍然面临着诸多挑战，包括方法体系、生态监测、实用性、可操作性方面。本书所做生态基准价方面的研究，即是出自对基层生态评估工作的一个创新性的应用，仍然有很多方面需要完善。

## 参考文献

包蕊，李涛，张欣怡，等，2021. 森林生态系统损害评估体系与管理制度研究[J]. 生态学报，41(3)：924-933.

董卿，从春龙，刘畅，2018. 能人回村，"麻雀窝"变"凤凰巢"[N]. 大众日报(02)，05-26.

郭年冬，李恒哲，李超，等，2015. 基于生态系统服务价值的环京津地区生态补偿研究[J]. 中国生态农业学报，11：1473-1480.

国家林业局，2017. 自然资源(森林)资产评价技术规范：LY/T2735—2016. 北京：中国标准出版社.

韩秋萍，2014. 流域生态屏障区森林生态系统服务价值核算以及生态补偿研究——以广东新丰县为例[D]. 长沙：湖南农业大学.

黄颖，雍新琴，李鑫，2021. 基于生态系统服务价值的江苏省生态补偿研究[J]. 江苏师范大学学报(自然科学版)，39(3)：62-67.

贾振虎，2017. 甲荣山林区一场森林火灾的损失评估[J]. 陕西林业科技，(1)：35-37.

蒋金荷，2019. 新时代生态环境治理的思想指引[N]. 中国社会科学报(04)，12-25.

赖敏，吴绍洪，尹云鹤，等，2015. 三江源区基于生态系统服务价值的生态补偿额度[J]. 生态学报，35(2)：227-236.

李文华，李世东，李芬，等，2007. 森林生态补偿机制若干重点问题研究[J]. 中国人口资源环境，(2)：13-18.

梁爱军，孙龙，刁柄奇，等，2014. 森林火灾损失分类方法和评估指标评述[J]. 森林工程，30(5)：6-17.

刘明明，卢群群，杨纪超，2018. 论中国森林生态效益补偿制度存在的问题及完善[J]. 林业经济问题，38(5)：1-9.

孟雅丽，苏志珠，马杰，等，2017. 基于生态系统服务价值的汾河流域生态补偿研究[J]. 干旱区资源与环境，31(8)：76-81.

田硕，2016. 广西庆良地区森林火灾损失评估与分析[D]. 北京：北京林业大学.

田义超，白晓永，黄远林，等，2019. 基于生态系统服务价值的赤水河流域生态补偿标准核算[J]. 农业机械学报，50(11)：312-322.

王女杰，刘建，吴大千，等，2010. 基于生态系统服务价值的区域生态补偿—以山东省为例[J]. 生态学报，30(23)：6646-6653.

温建丽，2018. 昆嵛山自然保护区生态系统服务价值评估及生态补偿研究[D]. 济南：山东大学.

谢楠，鲁记，2020. 坚持绿色发展 守护碧海蓝天[N]. 中国环境报(06)，09-17.

徐莉萍，赵冠男，戴子礼，2016. 国外市场机制下森林生态效益补偿定价理论及其借鉴[J]. 农业经济问题，(8)：101-112.

杨秀萍，2018. 花为媒，"雨鞋村"变身"生态村"[N]. 大众日报(02)，11-10.

杨盈，2018. 基于生态系统服务价值的公益林横向生态补偿机制研究——以浙江省为例[D]. 杭州：浙江理工大学.

张海鹏，2018. 森林生态效益补偿制度的完善策略[J]. 重庆社会科学，(5)：1-7.

张猛，崔海兰，梁成华，等，2014. 基于生态系统服务价值的区域生态补偿研究——以辽宁省为例[J]. 国土与自然资源研究，2：53-55.

中国绿色时报，2020，生态系统服务价值的实现路径[EB/OL][2021.10.21]，http：//www.forestry.gov.cn/main/5962/20201110/103249061900495.html.

国家林业局，2016. 森林生态系统长期定位观测方法：GB/T 33027—2016[S]. 北京：中国标准出版社.

# 附　表

**表1　烟台市森林生态系统服务功能价值评估社会公共数据**

| 编号 | 名称 | 单位 | 出处值 | 2017年数值 | 来源及数据 |
|---|---|---|---|---|---|
| 1 | 水库建设单位库容投资 | 元/立方米 | 6.32 | 7.09 | 中华人民共和国审计署，2013年第23号公告：长江三峡工程竣工财务决算草案审计结果，三峡工程动态总投资合计 $2485.37\times10^8$ 元；水库正常蓄水位高程175米，总库容 $393\times10^8$ 立方米。贴现至2017年 |
| 2 | 水的净化费用 | 元/吨 | 3.35 | 3.35 | 烟台市居民用自来水现行水价，来源于烟台市物价局官方网站 |
| 3 | 挖取单位面积土方费用 | 元/立方米 | 39.9 | 41.07 | 根据2002年黄河水利出版社出版《中华人民共和国水利部水利建筑工程预算定额》（上册）中人工挖土方Ⅰ和Ⅱ类土类每100立方米需42工时，人工费依据《山东省建筑工程消耗量定额》（鲁建标字〔2016〕39号文）取95元/工日 |
| 4 | 磷酸二铵含氮量 | % | 16 | 16 | |
| 5 | 磷酸二铵含磷量 | % | 48 | 48 | 化肥产品说明 |
| 6 | 氯化钾含钾量 | % | 55 | 55 | |
| 7 | 磷酸二铵化肥价格 | 元/吨 | 3 160 | 3 160 | 来源于烟台市物价局官方网站2017年磷酸二铵、氯化钾化肥年均零售价格 |
| 8 | 氯化钾化肥价格 | 元/吨 | 2 730 | 2 730 | |
| 9 | 有机质价格 | 元/吨 | 600 | 600 | 有机质价格根据中国供应商网（http://cn.china.cn/）2017年烟台鸡粪有机肥平均价格 |
| 10 | 固碳价格 | 元/吨 | 855.4 | 971.96 | 采用2013年瑞典碳税价格：136美元/吨二氧化碳，人民币对美元汇率按照2013年平均汇率6.2897计算，贴现至2017年 |
| 11 | 制造氧气价格 | 元/吨 | 4 826.67 | 4 826.67 | 根据中国供应商网（http://cn.china.cn/）2016年烟台医用氧气市场价格。40升规格储气量为5 800升，氧气的密度为1.429克/升，零售价格为40元 |

(续)

| 编号 | 名称 | 单位 | 出处值 | 2017年数值 | 来源及数据 |
|---|---|---|---|---|---|
| 12 | 负离子生产费用 | 元/$10^{18}$个 | 7.96 | 7.96 | 根据企业生产的适用范围30平方米（房间高3米）、功率为6瓦、负离子浓度1 000 000个/立方米、使用寿命为10年、价格每个65元的KLD-2000型负离子发生器间推断获得，其中负离子寿命为10分钟；根据烟台市物价局官方网站，居民生活用电现行价格为0.5469元/千瓦时 |
| 13 | 二氧化硫治理费用 | 元/千克 | 1.26 | 1.263 | 依据国家发展和改革委员会、财政部、国家环境保护部、国家经贸委令第31号；山东省财政厅、物价局、环保局财综〔2003〕586号；财政部、国家发展和改革委员会、国家环境保护部财综〔2003〕38号；山东省政府令第183号；山东省物价局、财政厅、环保局皖价费〔2008〕111号。价格从发布之日起沿用至2017年 |
| 14 | 氟化物治理费用 | 元/千克 | 0.69 | 0.69 | |
| 15 | 氮氧化物治理费用 | 元/千克 | 0.63 | 0.63 | |
| 16 | 镉及其化合物治理费用 | 元/吨 | 20 000 | 20 000 | 采用2003年国家发展计划委员会等四部委第31号令《排污费征收标准及计算方法》中镉及其化合物、铅及其化合物、镍及其化合物排污费收费标准分别为20 000、30 000、4 615元/吨 |
| 16 | 铅及其化合物治理费用 | 元/吨 | 30 000 | 30 000 | |
| 16 | 镍及其化合物治理费用 | 元/吨 | 4 615 | 4 615 | |
| 17 | 降尘清理费用 | 元/千克 | 0.15 | 0.15 | |
| 18 | PM10所造成健康危害经济损失 | 元/千克 | 28.3 | 30.34 | 根据David等(2013)对美国10个城市绿色植被吸附空气颗粒物对健康价值影响的研究中，每吨PM10和PM2.5所造成健康危害经济损失平均分别为4 500美元和691 748.88美元。其中，价值贴现至2017年，人民币兑美元汇率按照2013年平均汇率6.2897计算 |
| 19 | PM2.5所造成健康危害经济损失 | 元/千克 | 4 350.89 | 4 883.67 | |
| 20 | 苹果价格 | 元/千克 | 5 | 5 | 根据原烟台市农业局数据2017年苹果均价 |
| 21 | 生物多样性保护价值 | 元/(公顷·年) | — | — | 根据Shannon-Wiener指数计算生物多样性保护价值$S_生$（单位面积物种多样性保护价值量），即：<br>当指数<1时，$S_生$为3 000[元/(公顷·年)]；<br>当1≤指数<2时，$S_生$为5 000[元/(公顷·年)]；<br>当2≤指数<3时，$S_生$为10 000[元/(公顷·年)]；<br>当3≤指数<4时，$S_生$为20 000[元/(公顷·年)]；<br>当4≤指数<5时，$S_生$为30 000[元/(公顷·年)]；<br>当5≤指数<6时，$S_生$为40 000[元/(公顷·年)]；<br>当指数≥6时，$S_生$为50 000[元/(公顷·年)] |

表2　不同树种组单木生物量模型及参数

| 序号 | 公式 | 树种组 | 建模样本数 | 模型参数 $a$ | 模型参数 $b$ |
|---|---|---|---|---|---|
| 1 | $B/V=a(D^2H)^b$ | 杉木类 | 50 | 0.788 432 | -0.069 959 |
| 2 | $B/V=a(D^2H)^b$ | 马尾松 | 51 | 0.343 589 | 0.058 413 |
| 3 | $B/V=a(D^2H)^b$ | 南方阔叶类 | 54 | 0.889 290 | -0.013 555 |
| 4 | $B/V=a(D^2H)^b$ | 红松 | 23 | 0.390 374 | 0.017 299 |
| 5 | $B/V=a(D^2H)^b$ | 云冷杉 | 51 | 0.844 234 | -0.060 296 |
| 6 | $B/V=a(D^2H)^b$ | 落叶松 | 99 | 1.121 615 | -0.087 122 |
| 7 | $B/V=a(D^2H)^b$ | 胡桃楸、黄檗 | 42 | 0.920 996 | -0.064 294 |
| 8 | $B/V=a(D^2H)^b$ | 硬阔叶类 | 51 | 0.834 279 | -0.017 832 |
| 9 | $B/V=a(D^2H)^b$ | 软阔叶类 | 29 | 0.471 235 | 0.018 332 |

资料来源：引自李海奎和雷渊才（2010）。

表3　IPCC推荐使用的生物量转换因子（$BEF$）

| 编号 | $a$ | $b$ | 森林类型 | $R^2$ | 备注 |
|---|---|---|---|---|---|
| 1 | 0.46 | 47.5 | 冷杉、云杉 | 0.98 | 针叶树种 |
| 2 | 1.07 | 10.24 | 桦木 | 0.7 | 阔叶树种 |
| 3 | 0.74 | 3.24 | 木麻黄 | 0.95 | 阔叶树种 |
| 4 | 0.4 | 22.54 | 杉木 | 0.95 | 针叶树种 |
| 5 | 0.61 | 46.15 | 柏木 | 0.96 | 针叶树种 |
| 6 | 1.15 | 8.55 | 栎类 | 0.98 | 阔叶树种 |
| 7 | 0.89 | 4.55 | 桉树 | 0.8 | 阔叶树种 |
| 8 | 0.61 | 33.81 | 落叶松 | 0.82 | 针叶树种 |
| 9 | 1.04 | 8.06 | 樟木、楠木、槠、青冈 | 0.89 | 阔叶树种 |
| 10 | 0.81 | 18.47 | 针阔混交林 | 0.99 | 混交树种 |
| 11 | 0.63 | 91 | 檫木、阔叶混交林 | 0.86 | 混交树种 |
| 12 | 0.76 | 8.31 | 杂木 | 0.98 | 阔叶树种 |
| 13 | 0.59 | 18.74 | 华山松 | 0.91 | 针叶树种 |
| 14 | 0.52 | 18.22 | 红松 | 0.9 | 针叶树种 |
| 15 | 0.51 | 1.05 | 马尾松、云南松、思茅松 | 0.92 | 针叶树种 |
| 16 | 1.09 | 2 | 樟子松、赤松 | 0.98 | 针叶树种 |
| 17 | 0.76 | 5.09 | 油松 | 0.96 | 针叶树种 |
| 18 | 0.52 | 33.24 | 其他松类和针叶树 | 0.94 | 针叶树种 |

(续)

| 编号 | $a$ | $b$ | 森林类型 | $R^2$ | 备注 |
|---|---|---|---|---|---|
| 19 | 0.48 | 30.6 | 杨树 | 0.87 | 阔叶树种 |
| 20 | 0.42 | 41.33 | 铁杉、柳杉、油杉 | 0.89 | 针叶树种 |
| 21 | 0.8 | 0.42 | 热带雨林 | 0.87 | 阔叶树种 |

资料来源：引自 Fang 等(2001)。

彩图1 基准价区片级别示例a

彩图2 基准价区片级别示例b

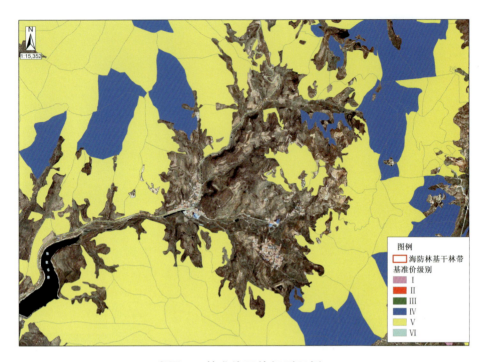

彩图3 基准价区片级别示例 c

彩图4 L县A区域小班影像

彩插

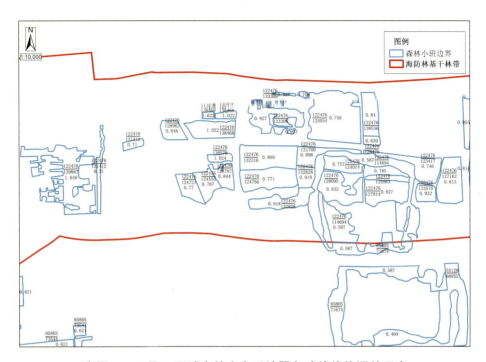

彩图 5　L 县 A 区域森林生态系统服务功能价值调整示意

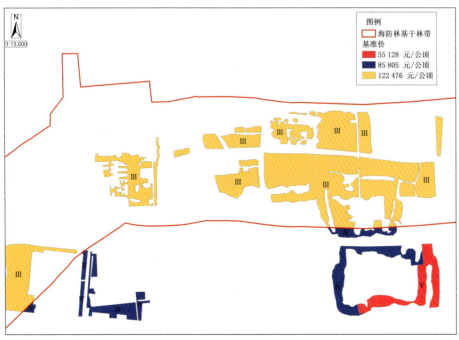

彩图 6　L 县 A 区域森林生态系统服务功能基准价示意 a

彩图7　L县A区域森林生态系统服务功能基准价示意b

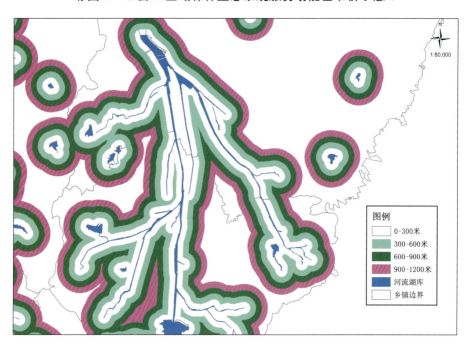

彩图8　水域—森林缓冲带示意

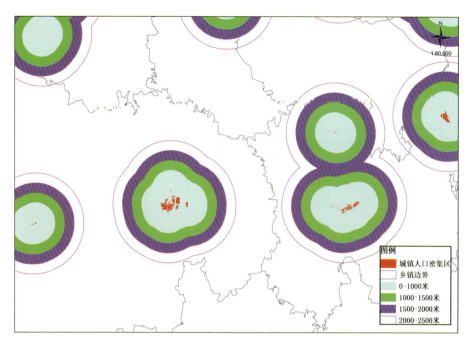

彩图9 人口密集区—森林缓冲带示意

彩图10 发生森林火灾前森林地状

彩图 11　发生森林火灾后森林地状

彩图 12　过火小班生态基准价分布

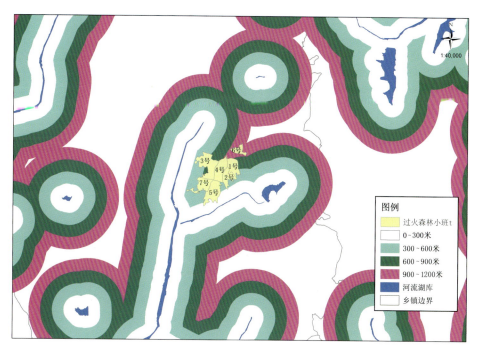

彩图 13　过火区域水域缓冲带示意

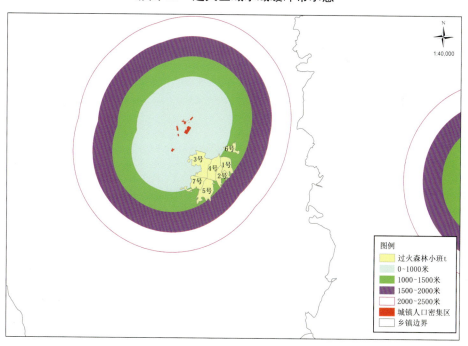

彩图 14　过火区域人口密集区缓冲带示意

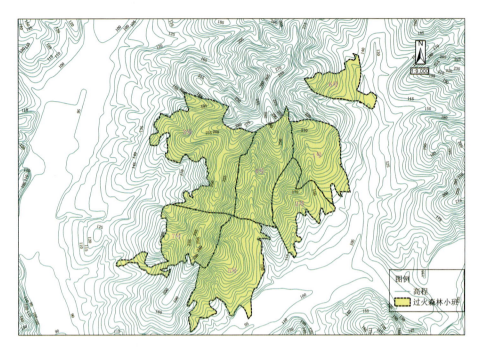

彩图 15　过火区域小班地形

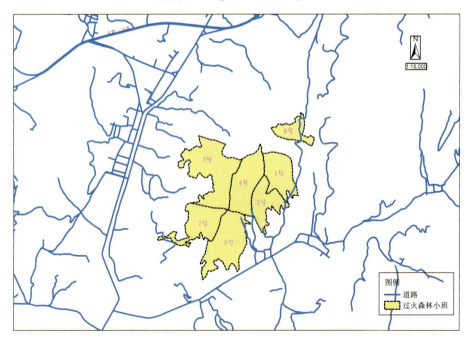

彩图 16　过火区域附近道路

彩图 17 过火区域土壤剖面

彩图 18 过火区域植被

彩图 19　过火区域群落 a

彩图 20　过火区域群落 b